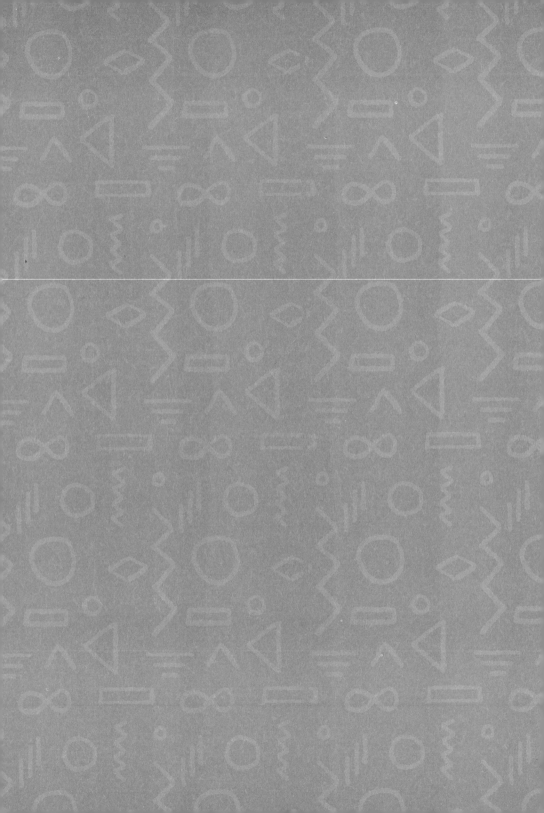

세상에서 가장 쉬운 과학 수업

핵물리학

세상에서 가장 쉬운 과학 수업

ⓒ 정완상, 2024

초판 1쇄 인쇄 2024년 12월 02일
초판 1쇄 발행 2024년 12월 16일

지은이 정완상
펴낸이 이성림
펴낸곳 성림북스

책임편집 노은정
디자인 쏘울기획

출판등록 2014년 9월 3일 제25100−2014−000054호
주소 서울시 은평구 연서로3길 12−8, 502
대표전화 02−356−5762
팩스 02−356−5769
이메일 sunglimonebooks@naver.com

ISBN 979−11−93357−40−8   03400

노벨상 수상자들의 **오리지널 논문**으로 배우는 과학

세상에서 가장 쉬운 과학 수업

핵물리학

정완상 지음

러더퍼드의 원자핵 발견에서 유카와의 중간자 이론까지
원자핵의 세계를 연 물리학자들, 세상을 바꾸다

성림원북스

CONTENTS

과학을 처음 공부할 때 이런 책이 있었다면 얼마나 좋았을까

남순건(경희대학교 이과대학 물리학과 교수 및 전 부총장)

21세기를 20여 년 지낸 이 시점에서 세상은 또 엄청난 변화를 맞이하리라는 생각이 듭니다. 100년 전 찾아왔던 양자역학은 반도체, 레이저 등을 위시하여 나노의 세계를 인간이 이해하도록 하였고, 120년 전 아인슈타인에 의해 밝혀진 시간과 공간의 원리인 상대성이론은 이 광대한 우주가 어떤 모습으로 만들어져 왔고 앞으로 어떻게 진화할 것인가를 알게 해주었습니다. 게다가 우리가 사용하는 모든 에너지의 근원인 태양에너지를 핵융합을 통해 지구상에서 구현하려는 노력도 상대론에서 나오는 그 유명한 질량—에너지 공식이 있기에 조만간 성과가 있을 것이라 기대하게 되었습니다.

앞으로 올 22세기에는 어떤 세상이 펼쳐질지 매우 궁금합니다. 특히 인공지능의 한계가 과연 무엇일지, 또한 생로병사와 관련된 생명의 신비가 밝혀져 인간 사회를 어떻게 바꿀지, 우주에서는 어떤 신비로움이 기다리고 있는지, 우리는 불확실성이 가득한 미래를 향해 달려가고 있습니다. 이러한 불확실한 미래를 들여다보는 유리구슬 역할을 하는 것이 바로 과학적 원리들입니다.

지난 백여 년간 과학에서의 엄청난 발전들은 세상의 원리를 꿰뚫어보았던 과학자들의 통찰을 통해 우리에게 알려졌습니다. 이런 과학 발전을 가능하게 한 영웅들의 생생한 숨결을 직접 느끼려면 그들이 썼던 논문들을 경험해보는 것이 좋습니다. 그런데 어느 순간 일반인과 과학을 배우는 학생들은 물론, 그 분야에서 연구를 하는 과학자들마저 이런 숨결을 직접 경험하지 못하고 이를 소화해서 정리해놓은 교과서나 서적들을 통해서만 접하고 있습니다. 창의적인 생각의 흐름을 직접 접하는 것은 그런 생각을 했던 과학자들의 어깨 위에서 더 멀리 바라보고 새로운 발견을 하고자 하는 사람들에게 매우 중요합니다.

저자인 정완상 교수가 새로운 시도로써 이러한 숨결을 우리에게 전해주려 한다고 하여 그의 30년 지기인 저는 매우 기뻤습니다. 그는 대학원생 때부터 당시 혁명기를 지나면서 폭발적인 발전을 하고 있던 끈 이론을 위시한 이론물리학 분야에서 가장 많은 논문을 썼던 사람입니다. 그리고 그러한 에너지가 일반인들과 과학도들을 위한 그의 수많은 서적을 통해 이미 잘 알려져 있습니다. 저자는 이번에 아주 새로운 시도를 하고 있고 이는 어쩌면 우리에게 꼭 필요했던 것일 수 있습니다. 대화체로 과학의 역사와 배경을 매우 재미있게 설명하고, 그 배경 뒤에 나왔던 과학 영웅들의 오리지널 논문들을 풀어간 것입니다. 과학사를 들려주는 책들은 많이 있으나 이처럼 일반인과 과학도의 입장에서 질문하고 이해하는 생각의 흐름을 따라 설명한 책

세상에서 가장 쉬운 과학 수업 핵물리학

은 없습니다. 게다가 이런 준비를 마친 후에 아인슈타인 같은 영웅들의 논문을 원래의 방식과 표기를 통해 설명하는 부분은 오랫동안 과학을 연구해온 과학자에게도 도움을 줍니다.

이 책을 읽는 독자들은 복 받은 분들일 것이 분명합니다. 제가 과학을 처음 공부할 때 이런 책이 있었다면 얼마나 좋았을까 하는 생각이 듭니다. 정완상 교수는 이제 새로운 형태의 시리즈를 시작하고 있습니다. 독보적인 필력과 독자에게 다가가는 그의 친밀성이 이 시리즈를 통해 재미있고 유익한 과학으로 전해지길 바랍니다. 그리하여 과학을 멀리하는 21세기의 한국인들에게 과학에 대한 붐이 일기를 기대합니다. 22세기를 준비해야 하는 우리에게는 이런 붐이 꼭 있어야 하기 때문입니다.

언젠가 탄생할 미래의 한국인 노벨 물리학상 수상자를 기다리며

박희은(하성고 물리학 교사)

고등학교에서 물리학을 가르치면서 학생들을 보며 드는 생각은 요즘 고등학생들은 참 다양한 책을 많이 읽는다는 것입니다. 입시 제도라는 큰 틀에서 벗어나는 공부를 하기 어려운 것도 사실이지만, 여러 가지 전형 중 하나인 학생부 종합 전형이라는 대입 전형에 발맞추어 학교의 다양한 활동에 참여하고 이런 활동들에서 자신만의 유의미한 기록을 남기기 위해 후속 활동을 진행하게 되는 것입니다. 그 과정에서 모르는 부분에 대해 많은 논문 자료와 책을 찾아 읽으며 수업 시간에 배우지 않은, 교육과정에 있지 않은 많은 이론에 대해 스스로 공부하게 됩니다.

이런 학생들이 물리학 분야에서 가장 관심을 두고 주제로 선정하는 분야 중 하나는 고등학교 과정에서 거의 다루지 않는 양자역학 부분입니다. 하지만 양자역학이라는 분야는 고등학생이 이해하기에는 다소 어렵기도 하고, 쉽게 설명이 되어 있는 책이라고 하더라도 그저 물리학자에게만 쉬운 설명으로 되어 있는 책들도 많이 있습니다. 거꾸로 수학적 증명 과정을 모두 빼고 정말 말 그대로 쉽게만 쓴 책들도 있습니다. 하지만 전 세계 어떤 나라의 학생들보다 열심히 공부하고

세상에서 가장 쉬운 과학 수업 핵물리학

수학 공부도 가장 많이 하며 남다른 두뇌 회전력을 자랑하는 대한민국의 고등학생들에게 추천할 만한 책을 찾기는 어려웠습니다.

이 책은 그런 다양한 수준의 학생들에게 딱, 적당한 수준의 좋은 도서가 될 것이라고 생각합니다. 특히 대화 형식으로 구성되어 빽빽하지 않게 보이는 책의 형식은 물리학이라면 인상부터 찌푸리는 학생들이 수식을 모두 빼고 읽더라도 술술 읽을 수 있을 것입니다. 또한 수학적 과정, 물리학의 기본 단위들에 대한 상세한 설명도 포함되어 있어서 수준 높은 학생들에게도 좋은 길잡이가 될 것입니다. 즉 물리학에 흥미가 많은 반짝거리는 어린 물리학도들에게도, 수준 높은 물리학을 연구하다가도 '아니, 그래서 왜?'라는 생각이 문득 들며 현대 물리학을 다시 공부할 학부생들에게도, '노벨 물리학상을 받았다는 일본인이 발표한 핵력이 대체 뭐야?'라는 궁금증을 느끼고 책을 펼칠 일반인들에게도 훌륭한 책이 될 것입니다.

이 책을 읽을 많은 분이 물리학을 조금이라도 가깝게 느낄 수 있기를 기대하며 언젠가 탄생할 미래의 한국인 노벨 물리학상 수상자를 학교 현장에서 기다리겠습니다.

천재 과학자들의 오리지널 논문을
이해하게 되길 바라며

저는 2004년부터 지금까지 주로 초등학생을 위한 과학, 수학 도서를 써왔습니다. 초등학생을 위한 책을 쓰면서 아주 즐겁지만, 한편으로 수학을 사용하지 못하는 점이 많이 아쉬었습니다. 그래서 수식을 사용할 수 있는 일반인 대상 과학책을 써볼 기회가 저에게도 주어지기를 희망해왔습니다.

저는 1992년 KAIST(한국과학기술원)에서 이론물리학의 한 주제인 『초중력이론』으로 박사 학위를 받고 운 좋게도 1992년 30세의 나이에 교수가 되어 현재까지 경상국립대학 물리학과에서 교수로 근무하고 있습니다. 저는 매년 20여 편 이상의 논문을 수학이나 물리학의 세계적인 학술지 『SCI 저널』에 게재합니다. 여가 시간에는 취미로 집필 활동을 합니다.

그동안 일반인 대상의 과학 서적들은 일반인 독자들이 수학 꽝이라고 생각하고 수식을 너무 피해 가는 것 아닌가 하는 생각이 들었습니다. 저는 일반인 독자들의 수준도 크게 높아졌고 수학을 피해 가지 말고 그들도 천재 과학자들의 오리지널 논문을 이해하면서 앞으로 도래할 양자(퀀텀)의 시대와 우주여행의 시대를 멋지게 맞이할 수 있게 도움을 줄 수 있을 거라는 생각에서 이 시리즈를 기획해보았습니다.

여기서 제가 설정한 일반인은 고등학교 수학이 기억나는 사람을 말합니다. 그동안 양자역학과 상대성이론에 관한 책은 전 세계적으로 헤아릴 수 없을 정도로 많고 앞으로도 계속 나오게 되겠지요. 대부분의 책들은 수식을 피하고 양자역학이나 상대성이론과 관련된 역사 이야기들 중심으로 쓰여 있어요.

이 시리즈는 많은 일반인에게 도움을 줄 수 있다고 생각합니다. 선행학습을 통해 고교 수학을 알고 있는 초·중등 과학영재, 현재 고등학생이면서 이론물리학자가 꿈인 학생, 현재 이공계열 대학생 혹은 실험물리학자로 양자역학과 상대성원리를 좀 더 알고 싶어 하는 사람, 아이들에게 위대한 물리 논문을 소개해주고 싶은 초·중·고 과학 선생님들, 전기·전자 소자, 반도체, 양자 관련 소자나 양자 암호시스템과 같은 일에 종사하는 직장인, 우주·항공 계통의 일에 종사하는 직장인, 어릴 때부터 수학과 과학을 사랑했던 직장인(특히 양자역학이나 상대성이론에 의한 우주이론에 관심 있는 직장인), 이론물리학자가 되고 싶어 하는 자녀를 둔 부모, 양자역학이나 상대성이론에 의한 우주이론을 통해 「인터스텔라」를 능가하는 영화를 만들고 싶어 하는 영화제작자, 웹툰을 만들고자 하는 웹툰어 등 많은 사람이 제가 이 시리즈를 추천하고 싶은 일반인들입니다.

저는 이 책에서 고등학교 정도의 수식을 이해하는 일반인들에게 초점을 맞추었습니다. 물론 이 시리즈의 논문에 고등학교 수학을 넘어서는 수학도 사용되지만 고등학교 수학만 알면 이해할 수 있도록 설명했습니다. 이 책을 읽고 독자들이 천재 과학자들의 오리지널 논문을 얼마나 이해할지는 개인에 따라 다를 거로 생각합니다. 책을 다 읽고 100% 이해하는 독자도 있을 거고, 70% 이해하는 독자도 있을 거고, 30% 미만으로 이해하는 독자도 있을 거로 생각합니다. 제 생각 으로 이 책의 30% 이상 이해한다면 그 독자는 대단하다는 생각이 듭 니다.

이 책에서 저는 핵마법수에 대한 메이어 논문, 알파붕괴에 대한 가 모프 논문, 핵력에 대한 유카와 논문을 다루었습니다. 이 책을 쓰기 위해 책 뒤에서 밝힌 수많은 논문들과 미처 수록하지 않은 참고 논문 들을 수십번 읽고 또 읽고 어떻게 이 어려운 논문들을 일반인들에게 알기 쉽게 설명할까 고민, 또 고민했습니다. 비록 노벨 물리학상을 받 지는 못했지만 이론물리학 천재로 손꼽히는 가모프의 알파붕괴 논문 은 아름다운 논문입니다. 양자역학을 이용해 알파붕괴 과정을 정확 하게 유도하고 양자터널링 현상을 밝혀낸 아름다운 논문이지요. 이 논문을 이해하기 위해서는 양자역학에 대해서 조금 알 필요가 있습 니다. 양자역학에 대해 잘 모르는 독자들에게는 이 시리즈의 『양자혁 명』, 『불확정성원리』, 『반입자』를 추천합니다. 이 책들을 읽고 가모 프의 논문을 본다면 방사선이 왜 생기는지를 알 수 있으리라 생각합 니다.

유카와의 1935년 논문은 새로운 힘인 핵력에 대한 이론입니다. 그 는 어린아이들의 캐치볼 놀이를 보다가 핵력에 대한 아이디어를 떠올렸습니다. 캐치볼 놀이에 공이 필요하듯 핵력이 작용하기 위해서는 공에 비유되는 입자가 필요하다는 것을 알아냈습니다. 그는 이 입자를 '중간자'라고 이름 붙였는데, 이 입자가 발견됨으로 인해 아시아인 최초로 노벨 물리학상을 받는 영광을 얻게 되었습니다.

일반인들은 과학, 특히 물리학 하면 '넘사벽'이라고 생각합니다. 제가 외국 사람들을 만나서 얘기할 때마다 느끼는 점은 그들은 고등학교까지 과학을 너무나 재미있게 배웠다는 사실입니다. 그래서인지 과학에 대해 상당히 많이 알고 있는 일반인들이 많았습니다. 그래서 노벨 과학상도 많이 나오는 게 아닐까 생각해요. 한국은 노벨 과학상 수상자가 한 명도 없는 나라입니다. 이제 일반인의 과학 수준을 높여 노벨 과학상 수상자가 매년 나오는 나라가 되었으면 하는 게 제 소망입니다. 일반인들의 과학 수준이 높아지면 교수들이 연구를 게을리하는 일은 없어지지 않을까요?

끝으로 용기를 내서 이 책의 출간을 결정해준 성림원북스의 이성림 사장과 직원들에게 감사를 드립니다. 이 책의 초안이 나왔을 때, 수식이 많아 출판사들이 꺼릴 것 같다는 생각을 많이 가졌습니다. 성림원북스를 시작으로 몇 군데 출판사에 출판을 의뢰한 후 거절당하면 블로그에 올릴 생각으로 글을 써 내려갔습니다. 놀랍게도 첫 번째로 이 원고에 대해 이야기를 나눈 성림원북스에서 출간을 결정해주어서 이 책이 나올 수 있게 되었습니다. 이 책을 쓰는 데 필요한 프랑스 논문의 번역을 도와준 아내에게도 고마움을 표합니다, 그리고 이 책을 쓸 수 있도록 멋진 논문을 만든 고(故) 닐스 보어 박사님에게도 감사를 드립니다.

진주에서 정완상 교수

아시아 최초로 노벨상의 영광을 안은 유카와
_ 난부 요이치로 박사 깜짝 인터뷰

기자   오늘은 2008년 자발적 대칭 붕괴로 노벨 물리학상을 받은 일본의 난부 요이치로 박사님과 1935년 유카와 박사님의 핵력 논문에 관해 이야기를 나누어보겠습니다. 난부 박사님, 이렇게 나와주셔서 감사합니다.

Dr. 난부   제가 제일 존경하는 과학자인 유카와 박사님의 논문에 관한 내용이라 만사를 제치고 달려왔습니다.

기자   유카와 박사님은 핵력 이론으로 노벨상을 받으셨는데, 핵력이란 무엇인가요?

Dr. 난부   물리학에서 힘은 네 종류입니다. 중력, 전자기력, 핵력, 약력이 그것이지요. 이 중에서 핵력은 핵 안에서 핵을 이루는 입자들인 핵자들 사이의 힘입니다. 양성자와 중성자처럼 핵을 이루는 입자를 '핵자'라고 부르지요. 핵자들 중에서 양성자는 양의 전기를 띠고 있습니다. 그러므로 양성자들 사이에 전기적인 반발력이 존재합니다. 하지만 핵은 아주 작고 그 안에서 양성자들은 서로 붙어 있습니다. 그런 일이 일어나기 위해서는 전기력보다 훨씬 큰 힘이 양성자들 사이에 존재해야 하죠. 이런 큰 힘을 핵력이라고 부르는데, 워낙 강하기 때문에 '강력'이라고도 부릅니다. 유카와 박사님은 1935년 핵력에 대한 완벽한 이론을 만들었지요.

기자   그렇군요.

방사능 붕괴에 대해

기자   핵력 이론이 나오는 데는 방사능 붕괴에 대한 연구가 도움이 되었다고 들었습니다. 어떤 이론이죠?

Dr. 난부 우리가 흔히 방사능 붕괴라고 알고 있는 현상은 무거운 원자핵에서 벌어지는 현상입니다. 이렇게 붕괴를 일으켜 다른 원자핵이 되면서 방사선을 내는 물질을 방사능 물질이라고 하는데, 대표적인 방사선에는 알파 방사선과 베타 방사선이 있지요. 알파 방사선은 헬륨의 원자핵으로 양의 전기를 띠고 있고, 베타 방사선은 에너지가 매우 큰 전자의 흐름입니다. 알파 방사선 연구는 주로 가모프에 의해 이루어졌는데, 이것은 양자터널링 현상에 대한 최초의 발견이지요.

기자   양자터널링은 뭐죠?

Dr. 난부 고전 입자가 뚫고 지나갈 수 없는 장벽을 양자 입자라면 뚫고 지나갈 수 있다는 양자의 기묘한 성질이지요.

기자   그렇군요.

Dr. 난부 그러니까 가모프는 양자터널링을 통해 알파입자가 방사능 물질에서 튀어나와 방사선을 만든다는 것을 이론적으로 완벽하게 기술한 셈입니다.

유카와의 1935년 논문 개요

기자　유카와 박사님의 1935년 논문에는 어떤 내용이 담겨 있나요?

Dr. 난부　유카와 박사님은 힘이란 상호작용이므로 두 개 이상의 물체에 대해 정의된다고 생각했습니다. 그리고 힘을 두 소년의 캐치볼에 비유했습니다. 즉 두 소년이 계속 놀 수 있는 것은 두 소년이 서로 던지는 캐치볼 때문이라고 생각했지요. 이 공의 특징에 따라 힘의 종류가 결정된다는 것이 유카와 박사님의 생각입니다. 이 공이 가벼우면 힘이 먼 데까지 작용하지만 공이 무거우면 힘이 가까운 곳에서만 작용하지요. 핵력은 가까운 곳에서 작용하므로 캐치볼에 대응되는 입자가 비교적 무거워야 한다고 생각했지요. 유카와 박사님은 이 입자를 '중간자'라고 불렀는데, 중간자가 발견됨으로 인해 노벨 물리학상을 받게 된 거지요.

기자　그렇군요.

유카와 박사의 1935년 논문이 일으킨 파장

기자　유카와 박사님의 1935년 논문은 어떤 변화를 불러왔나요?

Dr. 난부　핵력에 관한 논문은 과학자들에게 큰 파장을 몰고왔습니다. 이 이론은 훗날 제2차 세계대전을 종식하는 원자폭탄 연구와도 관련을 맺게 됩니다. 핵력과 중간자로 인해 과학자들은 더 많은 소립자의 세계로 내딛게 되었습니다. 이 연구는 훗날 이루어지는 소립자 물리학에 큰 영향을 주게 됩니다.

기자 그 밖에 또 어떤 영향을 끼쳤나요?

Dr. 난부 유카와 박사님의 핵력 이론은 원자폭탄에 사용되는 핵분열 과정뿐 아니라 핵융합 이론에도 이용되었습니다. 이로 인해 과학자들은 플라스마 상태의 핵융합을 통해 에너지를 얻는 방법을 생각하게 되지요. 하지만 보다 근본적인 것은 원자핵의 실체가 완벽하게 알려지게 된 것이 유카와 박사의 논문 덕택이라고 생각합니다.

기자 그렇군요. 지금까지 유카와 박사님의 핵력 논문에 대해 난부 박사님과 이야기를 나누어보았습니다.

첫 번째 만남

•

원자핵의 모양

원자핵의 발견 _ 전자와 함께 원자를 구성하는 미세한 입자

정교수 이제 우리는 새로운 힘인 핵력을 발견해 일본인 최초이자 아시아인 최초로 노벨 물리학상을 받은 유카와 교수의 이야기를 할 거야. 원자는 원자핵과 전자로 이루어져 있는데, 원자핵을 연구하는 물리학을 '핵물리학'이라고 불러. 원자핵을 줄여서 '핵'이라고 하거든.

물리군 핵은 누가 발견했죠?

정교수 1911년 러더퍼드는 원자모형 논문을 발표하면서 원자는 아주 작은 원자핵 주위를 아주 가벼운 전자가 돌고 있는 거라고 생각했어. 원자핵의 크기는 아주 작아. 이렇게 작은 세계를 나타내는 단위로 물리학자들은 옹스트롬($\mathring{A}$)을 사용해. 1옹스트롬을 미터로 고치면

$$1\mathring{A} = 10^{-10}\,m$$

이 돼.

물리군 옹스트롬이 무슨 뜻이죠?

정교수 스웨덴의 물리학자 옹스트롬(Anders Jonas Ångström, 1814~1874)의 이름에서 나온 단위야. 원자의 크기는 원소의 따라 다른데, 가장 가벼운 원소인 수소의 경우에는 원자의 반지름이 $0.53\,\mathring{A}$이지.

원자핵 중에서 가장 작은 수소의 원자핵은 더 이상 쪼갤 수 없는 가장 작은 입자인데, 이것을 '양성자(proton)'라고 부른다. 양성자의

세상에서 가장 쉬운 과학 수업 핵물리학

전하량 크기는 전자와 같으나 전자가 음의 전기를 띠는 반면, 양성자는 양의 전기를 띤다. 양성자의 질량은 전자 질량의 1,840배 정도로 무겁다. 앞으로 우리는 다음과 같이 쓴다.

양성자 $= p$

러더퍼드가 실험을 통해 발견한 원자핵의 크기는 원자의 크기에 비해 아주 작았다. 이제 작은 길이를 나타내는 단위를 알아보자.

1밀리미터(mm) $= 10^{-3}$m

1마이크로미터(μm) $= 10^{-6}$m

1나노미터(nm) $= 10^{-9}$m

1피코미터(pm) $= 10^{-12}$m

1펨토미터(fm) $= 10^{-15}$m

보통 원자핵의 크기를 나타낼 때는 펨토미터의 단위를 사용한다. 원자핵이 발견된 후 원자핵의 신비를 풀려는 과학자들의 시도가 일어나기 시작했다. 즉 핵을 연구하는 핵물리학이 시작되었다.

우주에서 온 방사선

정교수　19세기 말은 방사선 발견의 시대였어. 그 주역은 베크렐과 퀴리 부부이지. 투과력이 강한 방사선이 발견되고 나서 20세기에 들어와 과학자들은 방사선이 어디에서 나오는지를 궁금해했어. 이러한 방사선은 두 종류로 분류될 수 있었어. 양의 전기를 띤 방사선과 음의 전기를 띤 방사선, 두 종류이지. 그런데 1900년 프랑스의 화학자 빌라르(Paul Ulrich Villard, 1860~1934)가 전기를 띠지 않는 방사선을 발견했어.

물리군　방사선이 세 종류이군요.

정교수　1903년 러더퍼드는 세 종류의 방사선에 다음과 같은 이름을 붙였어.

알파 방사선 = 양의 전기를 띤 방사선
베타 방사선 = 음의 전기를 띤 방사선
감마 방사선 = 전기를 띠지 않는 방사선

원자핵이 발견된 후 물리학자들은 알파 방사선에서 나오는 알파입자가 헬륨핵(헬륨의 원자핵)이라는 것을 알게 되었고, 베타 방사선에서 나오는 베타입자가 전자라는 것을 알게 되었지. 또 전기를 띠지 않는 감마 방사선은 에너지가 큰 빛(전자기파)이라는 것도 알게 되었어. 과학자들은 방사선 방출 후에 원소가 어떻게 변하는지도 알아냈지. 이 일은 1913년, 소디(Frederick Soddy, 1887~1956, 영국, 1921

년 노벨 화학상 수상)와 파얀스(Kasimir Fajans 1887~1975, 폴란드)
에 의해 이루어졌어.

(알파 방사선 방출 후) 원자번호가 2 감소한 원소로 바뀐다.
(베타 방사선 방출 후) 원자번호가 1 증가한 원소로 바뀐다.
(감마 방사선 방출 후) 원자번호는 달라지지 않는다.

물리군　감마 방사선은 원자번호가 달라지지 않는군요.
정교수　맞아. 세 종류의 방사선 물리학은 다음에 차근차근 얘기하기
로 하고, 우주에서 오는 방사선을 찾은 물리학자 헤스의 이야기를 해
볼게.

헤스는 1883년 오스트리아 페가우
(Peggau)에서 태어났다. 그는 1893
년부터 1901년까지 그라츠 김나지움
(Graz Gymnasium)에서 중·고등학교
를 다니고 1901년 그라츠 대학 물리학
과에 입학해 1910년에 그곳에서 박사
학위를 받았다.

그 후 오스트리아 라듐 연구소에서
일했다. 1921년에 헤스는 휴가를 내
고 미국으로 건너가 뉴저지에 있는 미

빅토르 프란츠 헤스(Victor Franz
Hess, 1883 ~1964, 오스트리아-
미국, 1936년 노벨 물리학상 수상)

국 라듐회사(United States Radium Corporation)에서 일하고 워싱턴 D.C.에 있는 미국 광산국에서 자문 물리학자로 일했다. 1923년에는 다시 그라츠 대학으로 돌아와 1925년에 실험 물리학 교수가 되었고 1931년에는 인스브루크 대학으로 자리를 옮겼다.

헤스는 1938년 나치의 박해를 피하려고 유대인 아내와 함께 미국으로 이주했다. 같은 해 그는 포드햄 대학(Fordham University)의 물리학과 교수가 되었고, 1944년에 귀화해 미국 시민이 되었다.

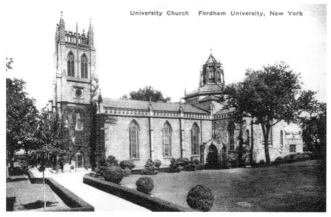

뉴욕에 있는
포드햄 대학

1911년에서 1913년 사이에 헤스는 자신에게 노벨 물리학상을 안겨준 위대한 작업을 했다. 그는 하늘로 올라갈수록 방사선의 양이 어떻게 변하는지를 조사하기로 했다. 그동안 과학자들은 방사선이 지구를 구성하는 물질에서 나오기 때문에 하늘로 올라갈수록 방사선의 양이 줄어들 거로 생각해왔다.

세상에서 가장 쉬운 과학 수업 핵물리학

1912년 4월 헤스는 열기구를 타고 2,700m까지 올라가면서 방사선 양을 측정했다. 예상 밖으로 방사선의 양은 많이 감소하지 않았다. 헤스는 혹시 지구가 아닌 다른 곳에서 방사선이 오지 않을까, 하는 의문을 품었다.

열기구에 탄 헤스

1912년 8월 7일, 헤스는 열기구를 타고 대기의 방사선 양을 측정하는 실험을 했다. 그는 5,300m까지 올라가면서 방사선을 측정했다. 그는 다음과 같은 사실을 발견했다.[1]

---

1 V. F. Hess(1912), "Über Beobachtungen der durchdringenden Strahlung bei sieben Freiballonfahrten", Physikalische Zeitschrift 13, 1084–1091.

"1,000m의 높이까지는 방사능이 감소하지만 그보다 위로 올라가니 방사능이 증가하기 시작해 높이 5,000m에서는 해수면에서의 방사선량의 2배가 되었다."

— 헤스

헤스는 하늘로 올라갈수록 방사선 양이 증가한다는 사실로부터, 우주에서 대기권을 뚫고 들어오는 방사선이 존재한다는 것을 알아냈다. 이 방사선은 '우주방사선(Cosmic ray)'이라고 불리게 되었다[2]. 헤스는 우주방사선 발견으로 1936년 노벨 물리학상을 받았다.

윌슨의 안개상자 발명과 뮤온의 발견 _ 멋진 안개상자가 해낸 일들

정교수 이번에는 아주 멋진 실험장치인 안개상자를 발명한 윌슨의 이야기를 해볼게.

윌슨은 1869년 스코틀랜드 글렌코스(Glencorse)에서 태어났다. 1873년 아버지가 돌아가신 후 가족과 함께 맨

찰스 톰슨 리스 윌슨(Charles Thomson Rees Wilson, 1869~1959, 스코틀랜드, 1927년 노벨 물리학상 수상)

---

2 1925년 밀리컨이 '우주방사선'이라는 이름을 처음 사용했다.

체스터로 이사해 오웬스 칼리지(Owens College)[3]에서 생물학을 공부했다. 1887년 대학을 졸업한 후에는 케임브리지의 시드니 서식스 칼리지(Sidney Sussex College)에 다니면서 물리학과 화학을 공부했다.

기상학에 관심이 컸던 윌슨은 1893년 이후 구름의 특성을 연구하기 시작했다. 1894년부터 벤 네비스(Ben Nevis) 천문대에서 근무하는 동안 구름 형성을 관찰하면서 대기가 전기를 띠는 원인에 관해 연구했다.

1910년 그는 상자 안을 수증기나 알코올의 혼합 기체로 채우고 단열 팽창시켜 상자 안을 과포화 상태로 만든 후 이 혼합 기체를 방사선 입자가 지나가게 했다. 이때 방사선이 지나가는 궤적을 따라 수증기가 응결하면서 안개가 생겼다. 윌슨은 이 상자를 '안개상자'라고 불렀다.

윌슨의 안개상자

---

3 현재는 맨체스터 대학

윌슨은 안개상자를 이용해, 라듐에서 나오는 알파 방사선이 만드는 안개 궤적을 발견하는 데 성공했다.[4]

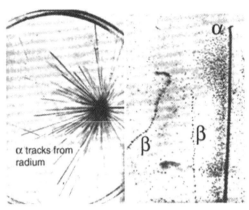

α tracks from radium

윌슨의 안개상자에 나타난 알파
방사선의 궤적(그림 왼쪽)

물리군 윌슨은 기상학을 이용해 물리 실험장치를 만들었군요.

정교수 맞아. 안개상자에서 발견된 새로운 입자가 있어.

물리군 그건 뭐죠?

정교수 '뮤온(muon)'이라는 이름의 입자야.

1936년 미국 캘리포니아 공과대학(Caltech)의 칼 앤더슨(Carl David Anderson, 1905~1991, 미국, 1936년 노벨 물리학상 수상)과 세스 네더마이어(Seth Henry Neddermeyer, 1907~1988, 미국)는 우

---

4 Wilson, C. T. R.(1911), "On a Method of Making Visible the Paths of Ionising Particles through a Gas", Proceedings of the Royal Society of London A: Mathematical, Physical and Engineering Sciences 85, 285–288.

세상에서 가장 쉬운 과학 수업 핵물리학

주선을 연구하던 중 '뮤온'을 발견했다. 이들은 안개상자에서 자기장을 통과할 때 전자 및 다른 알려진 입자와 다르게 구부러지는 입자를 발견했는데, 이 입자의 이름을 뮤온이라고 불렀다. 뮤온은 음의 전기를 띠고 있지만 전자보다 덜 휘어졌다. 일반적으로 자기장 속에서 무거운 입자는 가벼운 입자에 비해 덜 휘어지므로 두 사람은 뮤온이 전자보다 무겁다는 것을 알아냈다.

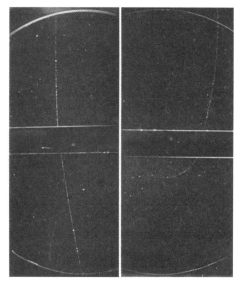

안개상자에 찍힌 뮤온의 궤적

거품상자의 발명 _ 입자의 질량을 알아내다

정교수 이번에는 안개상자를 개조한 장치인 '거품상자(Bubble chamber)'를 발명한 미국의 물리학자 글레이저의 이야기를 해볼게.

도널드 아서 글레이저(Donald Arthur Glaser,
1926~2013, 미국, 1960년 노벨 물리학상 수상)

글레이저는 미국 오하이오주 클리블랜드에서 태어났다. 그는 케이스 공대(Case Institute of Technology)에서 1946년 물리와 수학 학사 학위를 받았다. 이후 1949년 캘리포니아 공과대학에서 물리학 박사 학위를 받고, 미시간 대학 강사를 거쳐 1957년에는 교수가 되었다. 미시간 대학에서 그는 짧은 시간 존재하는 기본입자를 찾을 수 있는 장치인 거품상자를 발명했다. 1959년 버클리 대학으로 자리를 옮긴 그는 1962년 연구 분야를 분자생물학으로 바꾸어 자외선으로 인한 암에 관한 프로젝트를 시작했다. 1964년 그에게는 분자생물학 교수라는 추가 직위가 주어졌다.

세상에서 가장 쉬운 과학 수업 핵물리학

물리군　거품상자는 안개상자와 다른 원리가 적용되나요?

정교수　안개상자와 거품상자의 근본적인 원리는 거의 같아. 거품상자 안에는 가열된 액체가 채워져 있어. 전기를 띤 입자가 거품상자 속으로 들어가면 입자의 궤적에 대응되는 거품을 만들어내지. 이 거품을 통해 입자의 궤적을 알 수 있어. 거품상자에 자기장을 걸어주면 전기를 띤 입자는 회전을 하게 되므로 거품상자 안에 있는 거품의 모습이 바뀌게 돼. 이를 통해 입자의 질량을 알아낼 수 있지.

페르미 국립 가속기 연구소
(Fermilab)에 있는 4.7m의 거품상자

새로운 입자 발견의 시대 _ 양선자와 줌선자의 발견

정교수 1930년대는 중요한 세 개의 새로운 입자가 발견되는 시기야.

물리군 어떤 입자죠?

정교수 우선 1932년은 두 개의 새로운 입자가 발견되는 해이지.

1932년 미국의 앤더슨은 안개상자를 통해 우주방사선을 연구하던 중 전자와 질량과 전하량의 크기는 같지만 전하의 부호가 반대인 입자를 발견했다. 이 입자는 1928년 이론물리학자인 영국의 디랙(Paul A. M. Dirac, 1902~1984, 영국, 1933년 노벨 물리학상 수상)이 예언한 입자였는데, 양의 전기를 띤 전자라는 뜻으로 '양전자(positron)'라는 이름이 붙었다. 양전자는 다음과 같이 쓴다.

양전자 $= e^+$

전자 $= e$

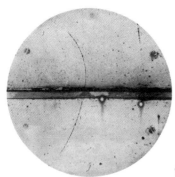

앤더슨이 발견한 양전자의 궤적 사진

세상에서 가장 쉬운 과학 수업 핵물리학

그 후 전자와 양전자는 빛 중에서 파장이 아주 짧은 빛인 감마선에서 쌍으로 만들어진다는 것이 알려졌다. 이것을 '쌍생성'이라고 부른다. 빛은 광자로 이루어져 있는데, 광자는 다음과 같이 쓴다.

광자 $= \gamma$

쌍생성 과정은 다음과 같다.

$\gamma \rightarrow e + e^+$

쌍생성의 반대 과정으로 전자와 빛이 만나서 빛(감마선)으로 소멸하는 과정을 '쌍소멸'이라고 부른다. 쌍소멸 과정은 다음과 같다.

$e + e^+ \rightarrow \gamma$

이렇게 쌍생성과 쌍소멸을 하는 입자쌍 중에서 우리 주위에 흔한 입자를 '입자', 그 파트너를 '반입자'라고 부른다. 그러므로 쌍생성 쌍소멸 과정은 일반적으로 다음과 같이 쓸 수 있다.

입자 + 반입자 $\leftrightarrow$ 광자

양성자에 대한 반입자는 '반양성자'라고 부르는데, 반양성자는 1955년에 발견되었고, 중성자의 반입자인 '반중성자'는 1956년에 발견되었다.

물리군 빛이 입자와 반입자 쌍을 만드는군요. 참 신기해요.

정교수 1932년의 두 번째 중요한 발견은 중성자의 발견이야. 영국의 채드윅(James Chadwick, 1891~1974, 영국, 1935년 노벨 물리학상 수상)이 발견했지.[5] 중성자는 전기적으로 중성이고 양성자보다 약간 무겁지만 거의 비슷한 질량을 가지고 있어.

양성자의 질량 = $1.67262192 \times 10^{-27}$kg
중성자의 질량 = $1.67492750 \times 10^{-27}$kg

이제 양성자와 중성자는 다음과 같이 쓸게.

양성자 = p
중성자 = n

중성자의 발견으로 원자핵의 모습이 정확하게 알려지게 되었어. 즉 원자핵은 양성자와 중성자로 이루어져 있는 모습이지. 이렇게 핵을 구성하는 입자를 '핵자'라고 불러.

회색은 중성자, 파랑은 양성자

---

5 Chadwick, James(1932), "Possible Existence of a Neutron", Nature, 129 (3252); 312

원자의 질량을 '원자량'이라고 부른다. 원자의 질량은 거의 원자핵의 질량이고 양성자와 중성자의 질량이 거의 같으니까 원자량은 양성자 질량의 배수가 된다. 이 배수를 '질량수'라고 하고 A라고 쓰는데, 이것은 바로 핵자수를 나타낸다. 원자의 원자번호는 양성자의 개수를 나타내는데, 이것을 Z라고 쓴다. 중성자의 수는 N이라고 쓴다. 그러니까 핵자수는

$$A = Z + N$$

이 된다. 핵자수가 A이고 원자번호가 Z인 원소 X를

$$^A_Z X$$

라고 쓴다.

핵의 결합에너지 _ 4개의 수소핵은 헬륨핵 하나보다 무겁다

정교수   이번에는 핵의 결합에너지에 대해 알아볼 거야.

물리군   결합에너지가 뭐죠?

정교수   핵자들이 모여서 핵을 만드는 데 필요한 에너지야. 이 문제를 처음 고민한 과학자는 영국의 애스턴이야.

프랜시스 애스턴(Francis William Aston, 1877~1945, 영국, 1922년 노벨 화학상 수상)

애스턴은 1877년 9월 1일 영국 하본(Harbourne)에서 태어났다. 그는 하본 비커리지 스쿨(Harbourne Vicarage School)을 졸업하고, 1893년에 메이슨 칼리지(Mason College)에서 물리와 화학을 공부했다. 1896년부터 그는 아버지 집에 있는 개인 실험실에서 유기화학에 대해 연구했다. 그의 연구는 다르다르신 화합물의 괌학 특싱에 관한 것이었다. 그는 1900년에 버틀러(W. Butler & Co)라는 양조회사에서 발효화학을 연구했고, 1903년에는 메이슨 칼리지로 자리를 옮겼다.

메이슨 칼리지

세상에서 가장 쉬운 과학 수업 핵물리학

애스턴은 1920년에 수소와 헬륨을 비롯한 여러 원자의 질량을 정밀하게 측정하기 시작했다. 그는 4개의 수소핵이 헬륨핵 하나보다 무겁다는 것을 발견했다. 당시 영국의 에딩턴(Arthur Stanley Eddington, 1882~1944)은 태양에너지의 원인이 4개의 수소핵이 달라붙어 헬륨핵을 만드는 핵융합이라고 생각했다. 애스턴은 이 핵융합 과정에서 질량이 보존되지 않는다는 것을 알아낸 것이다. 에딩턴은 이 문제에 대해 아인슈타인의 상대성이론을 적용해보았다. 즉 상대성이론을 이용해 질량이 보존되지 않는 핵융합 반응의 에너지를 조사하는 작업이었다.

물리군   질량이 보존되지 않으면 에너지가 발생하나요?

정교수   맞아. 이제 그 이야기를 해볼게.

이제부터 다음과 같은 기호를 도입하자.

m_e = 전자의 질량

m_p = 양성자의 질량

m_n = 중성자의 질량

예를 들어 양성자와 중성자가 중수소[6]핵을 만드는 경우를 생각해보자. 중수소핵의 질량을 m_D라고 하면

---

6   양성자 한 개와 중성자 한 개로 이루어진 원자핵을 갖는 수소를 '중수소'라고 한다. 중수소는 수소와 화학적 성질은 같지만 질량이 수소의 두 배 정도이다.

$$m_p + m_n > m_D$$

가 되어, 질량 보존의 법칙이 성립하지 않는다.

에딩턴은 아인슈타인의 특수상대성원리를 떠올렸다. 아인슈타인은 정지해 있는 질량이 m인 입자는 상대론적인 에너지 mc^2을 갖는다는 것을 1905년에 알아냈다[7]. 여기서 c는 빛의 속도다. 이렇게 정지해 있을 때 물체의 상대론적인 에너지를 '정지질량에너지'라고 부른다.

에딩턴은 핵융합 반응에서 질량이 보존되는 것이 아니라 에너지가 보존되는 것이 아닐까, 하는 의문을 품었다. 양성자와 중성자가 중수소 핵을 만드는 경우 에너지 보존 법칙을 적용하면

$$m_p c^2 + m_n c^2 = m_D c^2 + B$$

라고 쓸 수 있고, 질량이 보존되지 않으므로 B만큼의 에너지가 필요하다. 애스턴과 에딩턴은 이 에너지는 핵자들이 모여 핵을 만드는 데 필요한 에너지라고 생각하고 이 에너지를 '핵의 결합에너지'라고 불렀다. 양성자와 중성자가 중수소핵을 만들 때의 결합에너지는 2.22MeV이다.

물리군 MeV가 뭐죠?

---

7 『특수상대성이론』(정완상, 성림원북스) 참고

세상에서 가장 쉬운 과학 수업 핵물리학

정교수   에너지의 단위야.

물리군   에너지의 단위는 줄(J)이잖아요?

정교수   핵물리학자들은 eV라는 단위를 좋아해. 1eV는 1볼트의 전압이 걸려 전자가 가속될 때 전자의 운동에너지를 말해. 그러니까 전자의 전하량과 전압과의 곱이지. 그러니까 1eV를 J로 바꾸면

$$1eV = 1.6 \times 10^{-19}J$$

이야. 1eV의 1,000배를 1KeV라고 하고 1KeV의 1,000배를 1MeV라고 불러. 다음과 같이 정리할 수 있지.

$$1KeV = 1,000eV$$
$$1MeV = 1,000KeV$$
$$1GeV = 1,000MeV$$

전자, 양성자, 중성자의 정지질량에너지는 다음과 같다.

$$m_e c^2 = 0.511MeV$$
$$m_p c^2 = 938.280MeV$$
$$m_n c^2 = 938.573MeV$$

이제 일반적으로 핵을 만들 때의 결합에너지 공식을 알아보자. Z개의 양성자와 N개의 중성자가 모여서 핵자수 $A = N + Z$인 핵 $^A_Z X$ 를 만드는 경우의 결합에너지를 $B(A, Z)$라고 하면

$$Zm_p c^2 + Nm_n c^2 = m\left({}_Z^A X\right)c^2 + B(A,Z)$$

가 된다. 여기서 $m\left({}_Z^A X\right)$는 핵 ${}_Z^A X$ 의 질량이다. 핵의 결합에너지를 핵자수로 나눈 값 B/A를 '핵자당 결합에너지'라고 부른다. 다음 그림 은 핵자당 결합에너지의 그래프이다.

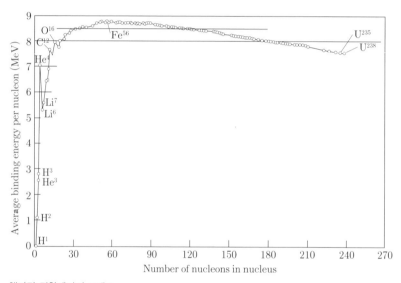

핵자당 결합에너지 그래프

세상에서 가장 쉬운 과학 수업 핵물리학

핵의 물방울 모형 _ 핵마다 결합에너지는 달라진다

물리군   핵의 결합에너지를 이론적으로 구하는 공식은 없나요?

정교수   핵의 결합에너지 공식을 실험과의 비교를 통해 구하려는 시도는 1930년 러시아의 물리학자 가모프에 의해 이루어졌어. 완전히 이론적인 공식은 아니지만 굉장히 예쁜 공식이야.

게오르기 가모프(George Gamow, 1904~1968, 러시아[8])

가모프는 러시아의 오데사[9]에서 태어났다. 그의 아버지는 고등학교에서 러시아어와 문학을 가르쳤고 어머니는 여학교에서 지리와 역사를 가르쳤다. 가모프는 어머니로부터 프랑스어를, 가정교사로부터 독일어를 배웠다. 그리고 대학 시절에 영어를 유창하게 구사했다.

---

8   당시에는 소련이었다.

9   현재는 우크라이나의 도시이다.

가모프는 흑해 연안에 자리 잡은 오데사에서 태어났다.

가모프는 오데사의 물리 및 수학 연구소(1922~1923)와 레닌그라드 대학(1923~1929)에서 교육을 받았다. 그는 레닌그라드 대학에서 저명한 물리학자 프리드만(Alexander Friedmann) 밑에서 그가 요절할 때까지 공부했다. 대학 시절 가모프는 세 명의 이론물리학 전공 학생인 레프 란다우(Lev Davidovich Landau, 1908~1968, 1962년 노벨 물리학상 수상)와 이바녠코(Dmitri Dmitrievich Ivanenko, 1904~1994), 브론쉬타인(Dmitri Dmitrievich Ivanenko, 1904~1994)과 친하게 지냈다. 네 사람은 자주 모여 유명한 논문들을 함께 공부했다.

졸업 후 가모프는 독일 괴팅겐에서 양자 이론을 연구했으며, 그곳에서 원자핵에 대한 연구를 바탕으로 박사 학위를 받았다. 그 후 1928년부터 1931년까지 코펜하겐 대학의 이론물리학 연구소에서 일하다가 영국으로 건너가 케임브리지의 캐번디시 연구소에서 어니스

세상에서 가장 쉬운 과학 수업 핵물리학

트 러더퍼드와 함께 연구했다. 1928년 가모프는 알파붕괴를 양자터널링을 이용해 설명했다. 그는 또는 알파붕괴의 반감기를 양자역학을 이용하여 구하는 데 성공했다.

1931년 가모프는 28세의 나이로 소련 과학 아카데미의 해당 회원으로 선출되었다. 그해부터 1933년까지 가모프는 레닌그라드 라듐 연구소에서 일했다. 가모프는 공산국가인 소련이 연구하기에 자유롭지 못하다고 판단하고 소련을 탈출할 계획을 세웠다. 1931년 이탈리아에서 열린 과학 회의에 공식적으로 참석함으로써 망명하려 했지만 소련 당국은 그의 출국을 허용하지 않았다. 가모프는 1931년에 물리학자인 류보프 보크민체바(Lyubov Vokhmintseva)와 결혼한 후 아내와 함께 소련을 탈출하려 계획했다. 1932년 가모프 부부는 카약을 타고 흑해를 건너 튀르키예[10]로 탈출하려 했으나 악천후로 실패했다. 1933년에 가모프는 아내와 함께 벨기에 브뤼셀에서 열린 제7차 솔베이 물리학 회의에 참석할 수 있는 허가를 받았다. 이를 통해 가모프 부부는 미국으로 이주했고, 가모프는 조지워싱턴 대학의 물리학과 교수가 되었다.

가모프는 알파붕괴 외에도 별의 탄생이론, 우주의 시작인 빅뱅이론 등에서 수많은 업적을 남겼다. 가모프는 물리 대중화에도 앞장서서 1938년 양자역학과 상대성이론을 일반인들이 쉽게 이해할 수 있는 『이상한 나라의 톰킨스 씨(Mr Tompkins in Wonderland)』라는

---

10 옛 이름은 터키이다.

책을 추가했다.

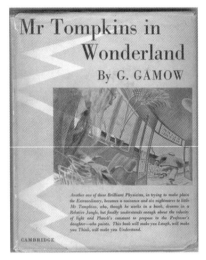

가모프가 양자역학과 상대성이론을 쉽게 풀어
설명한 책『이상한 나라의 톰킨스 씨』

물리고   『이상한 나라의 **톰킨스 씨**』는 읽은 적이 있어요. 양자나라로
갔다가 상대성나라로 갔다가 하면서 신기한 체험을 하는 재미있는
소설이었어요.

정교수   맞아. 이제 가모프가 1930년에 발표한 원자핵에 대한 물방울
모형[11] 이야기를 해볼게.

가모프는 핵자들이 모여서 원자핵을 이루는 모습이 마치 물 분자

---

11 Gamow, George(1930), "Mass Defect Curve and Nuclear Constitution", Proceedings
of the Royal Society A. 126 (803); 632 – 644.

들이 모여서 물방울을 만드는 모습과 비슷할 것으로 생각했다. 가모프는 핵의 결합에너지에 고려할 수 있는 모든 항을 생각해보았다. 가모프가 이 이론을 발표할 당시에는 중성자가 발견되기 전이었다. 하지만 과학자들은 이 시기에 원자핵 속에 중성의 어떤 입자가 있지 않을까, 하는 생각을 하고 있었던 시기였다. 중성자가 발견되고, 1934년 유카와가 핵자들 사이의 핵력을 발견한 후인 1935년 독일의 물리학자 바이재커(Carl Friedrich Freiherr von Weizsäcker, 1912 ~2007, 독일)는 가모프의 아이디어를 확장해 핵의 물방울 모델에서 결합에너지 공식을 찾아냈다.[12]

이제 가모프-바이재커의 물방울 모형에서 핵의 결합에너지 공식을 알아보자. 우리는 핵자수가 A, 양성자 수가 Z, 중성자 수가 N인 핵을 생각할 것이다. 핵자에는 전기를 띤 양성자도 있고, 전기를 띠지 않은 중성자도 있으므로 핵력은 전기력과는 다른 종류의 힘이라는 것이 유카와에 의해 알려졌다.

유카와는 핵자들 사이의 힘인 핵력을 처음 생각했다. 핵자들 사이의 힘은 힘이 전달되는 거리가 짧아 가까운 거리에 있는 핵자들과의 상호작용만 고려하면 된다. 유카와의 핵력에 대해서는 나중에 다시 유카와 논문을 공부할 때 자세히 다루기로 하자.

---

12 von Weizsäcker, C. F.(1935), "Zur Theorie der Kernmassen", Zeitschrift für Physik 96, 431 - 458.

Volume   빨강은 양성자, 하양은 중성자

그러므로 핵자 하나당 핵력에 의한 퍼텐셜 에너지는 일정하므로 이 에너지를 E_V라고 하면

$$E_V = \alpha_V A \qquad\qquad (1-6-1)$$

가 된다. 여기서 α_V는 실험데이터로부터 결정될 상수이다.

그런데 핵자들이 물방울처럼 공 모양을 이루는데, 이 공의 반지름을 R이라고 한다면, 공 표면의 핵자들은 공 속의 핵자보다는 더 적은 핵자 하나당 핵력에 의한 퍼텐셜 에너지를 가지게 된다. 그러므로 (1-6-1)에서 공 표면에 있는 핵자들에 대해 어떤 양들을 빼주어야 한다.

Surface   빨강은 양성자, 하양은 중성자

핵자수는 구의 부피에 비례하고 구의 부피는 반지름의 세제곱에

비례하므로

$$R \propto A^3$$

이 된다. 즉,

$$R \propto A^{\frac{1}{3}}$$

이다. 실험을 통해 과학자들은 다음과 같은 비례상수를 알아냈다.

$$R = R_0 A^{\frac{1}{3}}$$

(1-6-2)

여기서

$$R_0 = 1.2 \text{ fm}$$

이다.

한편, 핵의 표면에 있는 핵자수는 구의 표면적에 비례하고 표면적은 반지름의 제곱에 비례하므로 $A^{\frac{2}{3}}$에 비례하는 에너지를 빼주어야 한다. 빼주는 양을 음의 부호의 에너지를 더하는 것으로 하면 다음과 같은 에너지

$$E_S = -\alpha_S A^{\frac{2}{3}}$$

(1-6-3)

를 (1-6-1)에 더하면 핵력에 의한 퍼텐셜 에너지를 구할 수 있다. 즉,

핵력에 의한 퍼텐셜 에너지 $= E_V + E_S$

이다.

이번에는 전기력에 의한 퍼텐셜 에너지를 생각하자. 서로 거리가 r 떨어져 있는 두 개의 점전하 q_1, q_2의 전기 퍼텐셜 에너지는

$$V_e = k_e \frac{q_1 q_2}{r} \qquad\qquad (1\text{-}6\text{-}4)$$

이다. 여기서 k_e는 전기력 상수로

$$k_e = 8.98755178 \times 10^9 (\text{N} \cdot \text{m}^2/\text{C}^2)$$

이다.

중성자는 전기를 띠고 있지 않으므로 핵 속의 중성자는 고려할 필요가 없다. 예를 들어 원자번호 3번인 리튬의 원자핵을 보면 양성자는 세 개다. 이들 양성자들 사이에는 척력(서로 밀치는 힘)이 존재한다. 양성자 하나의 전하량을 e라고 하자. 세 개의 양성자 위치를 다음 그림과 같이 점으로 나타내자.

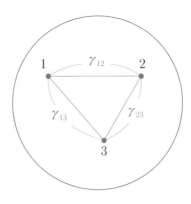

따라서 전기 퍼텐셜 에너지는

$$V_e = k_e \frac{e^2}{r_{12}} + k_e \frac{e^2}{r_{13}} + k_e \frac{e^2}{r_{23}}$$

가 된다. 원자번호가 4번인 붕소핵의 경우는 다음 그림과 같다.

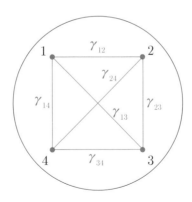

이때 전기 퍼텐셜 에너지는

$$V_e = k_e \frac{e^2}{r_{12}} + k_e \frac{e^2}{r_{13}} + k_e \frac{e^2}{r_{14}} + k_e \frac{e^2}{r_{23}} + k_e \frac{e^2}{r_{24}} + k_e \frac{e^2}{r_{34}}$$

가 된다. 이 식을 합 기호를 써서 나타내면

$$V_e = k_e e^2 \sum_{i=1}^{3} \sum_{j=i+1}^{3} \frac{1}{r_{ij}}$$

이 된다.

원자번호가 Z인 핵은 Z개의 양성자를 가지므로 이들에 의한 전기 퍼텐셜 에너지는

$$V_e = k_e e^2 \sum_{i=1}^{Z-1} \sum_{j=i+1}^{Z} \frac{1}{r_{ij}} \qquad (1\text{-}6\text{-}5)$$

가 된다. 핵 안에 양성자들이 어디에 있는지를 모르기 때문에 이들에 대한 평균을 고려하자. 평균을 $< \cdots >$라고 놓으면

$$< V_e > = k_e e^2 < \frac{1}{r_{ij}} > \sum_{i=1}^{Z-1} \sum_{j=i+1}^{Z} 1 \qquad (1\text{-}6\text{-}6)$$

이 된다. 여기서

$$\sum_{i=1}^{Z-1} \sum_{j=i+1}^{Z} 1$$

$$= \sum_{i=1}^{Z-1} (Z - i)$$

$$= \frac{1}{2} Z (Z - 1)$$

이 되어,

$$< V_e > = \frac{1}{2} k_e Z (Z - 1) e^2 < \frac{1}{r_{ij}} >$$

이 된다. 여기서

$$Q^2 = Z(Z - 1)e^2$$

이라고 두면,

$$< V_e > = \frac{1}{2} k_e Q^2 < \frac{1}{r_{ij}} >$$

이 된다. 여기서 Q는 핵 안의 전체 전하량처럼 작용한다.

물리군 $Ze \times (Z - 1)e$가 전체 전하량의 제곱처럼 작용하는 것은 점전하 여러 개의 전기 퍼텐셜 에너지를 구할 때 자신과 자신의 전기 퍼텐셜 에너지는 고려하지 않기 때문이군요.

정교수 맞아. 전기 퍼텐셜 에너지는 반드시 서로 다른 위치에 있는 점전하 사이에서만 정의되거든.

물리학자들은 핵 안의 전하 Q가 반지름 R인 공 모양의 핵에 균일하게 분포되어 있는 모델을 생각했다. 여기서

$$Q = \sqrt{Z(Z-1)}\, e \tag{1-6-7}$$

이다. 이 경우 전하밀도(단위 부피당 전하량)를 ρ라고 하면

$$\rho = \frac{Q}{\dfrac{4}{3}\pi R^3} \tag{1-6-8}$$

이 된다. 이제 다음과 같이 반지름이 r인 공 모양의 전하와 그것을 에워싼 두께가 $\varDelta r$인 구 깍지 속의 전하 사이의 전기 퍼텐셜 에너지를 생각하자.

반지름이 r인 공 속의 전하를 Q_r이라고 하고 그것을 에워싼 두께가 $\varDelta r$인 구 깍지 속의 전하를 $\varDelta Q$이라고 하자.

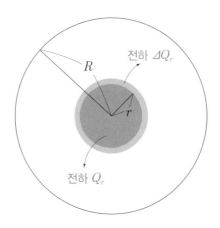

이때

$$Q_r = \rho \times \frac{4}{3} \pi r^3$$

이다. 구 깍지의 부피는

$$\frac{4}{3} \pi (r + \Delta r)^3 - \frac{4}{3} \pi r^3$$

이다. Δr을 아주 작게 택하면 Δr^2, Δr^3은 무시할 수 있으므로 근사적으로 구까지의 부피는

$$4\pi r^2 \Delta r$$

이 된다. 그러므로 구 깍지 속의 전하량은

$$\Delta Q = \rho \times 4\pi r^2 \Delta r$$

이 된다. 한편 균일하게 전하가 분포된 공 모양의 전하 분포는 공의 중심에 모든 전하량이 있는 점전하로 간주할 수 있다. 그러므로 다음 그림을 생각할 수 있다.

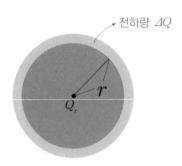

전하량 ΔQ

r

Q_r

따라서 반지름이 r인 공 모양의 전하와 그것을 에워싼 두께가 Δr 인 구 깍지 속 전하 사이의 전기 퍼텐셜 에너지를 ΔV_e라고 두면

$$\Delta V_e = k_e \frac{Q_r \Delta Q}{r} = k_e \times \frac{16}{3}\pi^2 \rho^2 r^4 \Delta r \qquad (1\text{-}6\text{-}9)$$

이제 Δr을 거의 0으로 보내면 dr이 되므로, 식(1-6-9)에 식(1-6-8)을 넣으면

$$dV_e = \frac{3}{R^6}k_e Z(Z-1)e^2 r^4 dr$$

이 된다. 이제 $r = 0$부터 R까지 적분하면 핵 전체의 전기 퍼텐셜 에너지 Ve를 구할 수 있다. 즉,

$$V_e = \int dV_e = \int_0^R \frac{3}{R^6} k_e Z(Z-1) e^2 r^4 dr$$

$$= \frac{3}{5} \frac{k_e Z(Z-1) e^2}{R}$$

$$= \alpha_c \frac{Z(Z-1)}{A^{\frac{1}{3}}}$$

여기서

$$\alpha_c = \frac{3 k_e e^2}{5 R_0}$$

이다.

한편, 핵력이 핵자들을 결합하는 방향으로 작용한다면 전기력은 결합을 방해하는 방향으로 작용하므로 전기력에 의한 양성자들 사이의 퍼텐셜 에너지는 핵의 결합에너지를 줄이게 된다. 그러므로

(핵의 결합에너지)

$$= \alpha_V A - \alpha_S A^{\frac{2}{3}} - \alpha_c \frac{Z(Z-1)}{A^{\frac{1}{3}}} + (\text{또 다른 에너지})$$

이 된다. 여기서 또 다른 에너지는 핵에 관한 실험을 통해서 결정된다.

물리군 핵의 결합에너지는 실험에 의해 결정되지만 핵의 질량수와

관계가 있군요.

정교수 맞아. 그러니까 핵마다 결합에너지는 달라지지.

마법수의 발견 _ 메이어와 옌센, 완벽한 핵 껍질 모형을 만들다

정교수 이번에는 퀴리 부인에 이어 여성 과학자로서 두 번째 노벨 물리학상을 받은 메이어 이야기를 해볼게.

마리아 괴페르트 메이어(Maria Goeppert Mayer, 1906~1972, 독일-미국, 1963년 노벨 물리학상 수상)

메이어는 1906년 독일의 카토비체(Kattowitz, 현재는 폴란드에 있는 도시)에서 태어났다. 1910년 그녀의 가족은 부친이 괴팅겐 대학 소아과 교수로 임용됨에 따라 괴팅겐으로 이사했다. 괴팅겐 대학 교수였던 부친의 영향으로 메이어는 어렸을 때부터 훗날 노벨상을 받

세상에서 가장 쉬운 과학 수업 핵물리학

게 되는 페르미, 하이젠베르크, 디랙, 파울리 등을 만날 수 있었다. 메이어의 아버지는 무남독녀 외동딸인 메이어에게 태양 일식 관측용 검은 렌즈를 만들어주며 과학 공부를 격려했다.

1924년에 메이어는 괴팅겐 대학에 입학해 양자역학을 공부했고, 1930년에 두 개의 광자를 흡수하는 원자에 관한 연구로 박사 학위를 받았다. 그해에 메이어는 제임스 프랑크(James Franck 1882~1964, 독일, 1925년 노벨 물리학상 수상) 교수의 조수인 화학자 조지프 에드워드 메이어(Joseph Edward Mayer, 1904~1983)와 결혼했다. 결혼 후 남편 조지프는 미국 볼티모어에 있는 존스 홉킨스 대학의 교수로 발령됨에 따라 메이어는 남편의 고향인 미국으로 이주했다.

메이어는 교수 부인으로서 존스 홉킨스 대학에서 지냈지만 교수의 친·인척을 임용할 수 없다는 존스 홉킨스 대학의 규정에 묶여 대학

연구 중인 메이어

에서 자리를 잡을 수 없었다. 하지만 메이어는 연구를 멈추지 않았다. 1939년 조지프는 존스 홉킨스 대학에서 해고되어 컬럼비아 대학으로 자리를 옮겼다. 메이어는 컬럼비아 대학에서 월급은 줄 수 없지만 연구는 해도 된다는 학교 측의 이상한 배려를 받았다.

메이어 부부는 1946년 시카고로 이사했다. 메이어는 시카고 대학의 조교수가 되어 첫 월급을 받을 수 있었다. 이곳은 메이어가 핵에 대해 연구하기에 아주 좋은 환경이었다. 이탈리아에서 망명한 과학자 페르미(Enrico Fermi, 1901~1954)가 있었고, 남편의 지도교수인 프랭크(James Franck, 1882~1964)가 있었으며 수소폭탄으로 유명한 텔러(Edward Teller, 1908~2003)가 있었다. 메이어는 텔러와 원소의 기원에 관한 연구를 시작했다.

메이어는 원자핵이 매우 안정적일 수 있는 데 대해 의문을 품었다.

세상에서 가장 쉬운 과학 수업 핵물리학

메이어는 핵에 대해 다음과 같은 의문을 품었다.

엄청나게 많은 양성자와 중성자들이 원자핵에 존재하는데도 원자핵은 어떻게 그렇게 안정적일 수 있는가?

이 문제를 고민하던 메이어는 1932년 소련의 이바첸코(Dmitri Dmitrievich Ivanenko 1904~1994)가 제안한 핵 껍질 모형에 관심을 가졌다. 이바첸코는 보어의 원자모형에 나오는 전자의 궤도처럼 양성자와 중성자가 특정한 궤도에 존재할 수 있다고 생각했다. 이 이론에 따르면, 핵의 껍질은 양파껍질처럼 안쪽부터 바깥쪽으로 만들어지고 가장 마지막 껍질에 있는 핵자가 핵의 성질에 중요한 역할을 한다. 1933년 독일계 미국인 물리학자 엘자서(Walter Maurice Elsasser, 1904~1991)는 핵 껍질 모형을 이용해, 중성자나 양성자의 개수가 2, 8, 20, 28인 경우에 원자핵이 안정하다고 주장했다.[13]

메이어는 엘자서보다 훨씬 더 방대한 자료를 조사했다. 그녀는 핵종의 상대 존재비를 생각해보았다. 핵은 양성자수와 중성자수에 의해 특징지어지는데, 이들 중 하나라도 다르면 핵의 종류가 달라진다. 이렇게 양성자수와 중성자수에 의해 달라지는 핵을 나타내는 말이 핵종이다.

양성자수와 중성자수의 합을 '핵자수'라고 하는데, 양성자의 질량

---

13 Elsasser, W. M., J. Phys. et Radium, 4, 549 (1933).

과 중성자의 질량은 거의 비슷하기 때문에 핵의 질량은 핵자수에 비례한다. 과학자들은 핵자수를 '질량수'라고 부르기도 한다.

물리군 핵종이 뭔지 아직 잘 모르겠어요.

정교수 질량수가 1인 핵은 어떤 것이 가능하지?

물리군 중성자가 한 개이거나 양성자가 한 개이면 되지요.

정교수 양성자가 한 개인 핵은 바로 수소핵이야. 그러므로 질량수가 1인 핵종은 수소핵 $^2_1\mathrm{H}$가 돼.

물리군 중성자도 핵종인가요?

정교수 넓은 의미에서 핵종이라고 볼 수 있어. 그런데 원자번호는 양성자의 개수이니까 중성자는 원자번호가 0번인 핵종이지.

물리군 질량수가 2인 핵종은 뭐죠?

정교수 이제 양성자수를 Z, 중성자수를 N, 핵자수를 A라고 쓰면 질량수가 2라는 것은 $A = 2$이니까 다음과 같이 세 가지 경우가 생기지.

(1) $Z = 2$　$N = 0$

(2) $Z = 1$　$N = 1$

(3) $Z = 0$　$N = 2$

하지만 양성자만 두 개로 이루어진 핵은 없고, 중성자 두 개로만 이루어진 핵은 없어. 그러니까 세 가지 경우 중 (2)만 가능한데, 이것이 바로 중수소핵이야. 그러니까 질량수가 2인 핵종은 한 가지이지.

세상에서 가장 쉬운 과학 수업 핵물리학

물리군   질량수가 3인 경우는 $A = 3$이므로 다음 네 경우가 가능해요.

(1) $Z = 3$ $N = 0$

(2) $Z = 2$ $N = 1$

(3) $Z = 1$ $N = 2$

(4) $Z = 0$ $N = 3$

정교수   (1)과 (4)에 대응하는 핵종은 없어. (2)에 대응되는 핵종은 양성자 두 개에 중성자 한 개를 가진 헬륨-3 핵이 돼. 이것은 $^{3}_{2}\text{He}$이라고 쓰지. (3)은 양성자수가 한 개이고 중성자가 두 개인 핵인데, 삼중수소의 핵이야. 그러니까 질량수가 3인 핵종은 2가지이지.

물리군   이제 핵종이 뭔지 이해가 돼요.

정교수   메이어는 각각의 질량수에 대응되는 핵종이 몇 개가 되는지를 조사했어. 그리고 질량수에 대한 핵종의 상대 존재비를 그래프로 나타냈지.

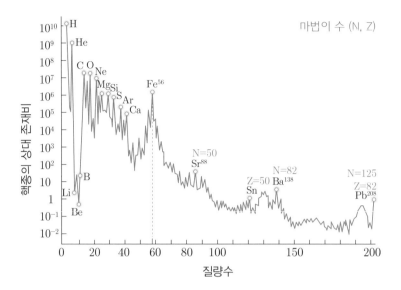

마법이 수 (N, Z)

메이어의 관심을 끄는 부분은 원자번호가 32보다 큰 무거운 원소들이었다. 메이어는 이들 데이터를 분석한 결과, 중성자나 양성자의 개수가

2, 8, 20, 28, 50, 82, 126

인 경우, 원자핵의 안정된다고 주장했다.[14] 핵 껍질 모형을 반대했던 위그너는 이 수들을 '마법수'라고 부르면서 메이어의 연구 결과를 조롱했다. 한편 메이어와 비슷한 시기에 독일의 옌센도 메이어와 비슷한 결론에 도달했다.

---

14 Mayer, Maria G., "On Closed Shells in Nuclei", Physical Review, 74 (3); 235 – 239 (1948).

세상에서 가장 쉬운 과학 수업 핵물리학

요하네스 한스 다니엘 옌센(Johannes Hans Daniel Jensen, 1907~1973, 독일, 1963년 노벨 물리학상 수상)

메이어와 옌센은 1950년 본격적으로 공동연구하여 완벽한 핵 껍질 모형을 만들었다. 이 공로로 두 사람은 1963년 노벨 물리학상을 공동 수상했다.

예를 들어 질량수가 88인 원자 번호 38번 스트론튬-88(Sr-88) 은 중성자수가 50으로 마법수가 되므로 안정 핵종이고 질량수가 138인 원자번호 56번 바륨은 중 성자수가 82로 마법수가 되어 안 정 핵종이다.

메이어와 옌센

미분 방정식 _ 등식을 만족하는 미분을 포함한 방정식

정교수   방정식이 뭔지는 알지?

물리군 $x - 2 = 0$처럼 특정한 x값에 대해서 만족하는 등식을 말해요. 이때 $x = 2$이면 등식이 만족하는데, 이것을 '방정식의 해'라고 불러요.

정교수   깔끔한 설명이네.

물리군   갑자기 웬 방정식이죠?

정교수   다음 장에서 알파붕괴 이론을 설명하려면 '미분 방정식'을 조금 알아야 하거든.

물리군   미분 방정식은 처음 들어요.

정교수   미분이 포함되어 있는 방정식을 말해. 예를 들어

$$y'(x) = y(x) \tag{1-8-1}$$

를 봐. 이 등식에는 미분이 포함되어 있지? 그런데 $y(x)$에 아무 함수나 대입하면 등식이 성립하지 않아. 예를 들어 $y = x^2$을 대입해봐.

좌변 $= 2x$

우변 $= x^2$

이니까 등식이 성립하지 않지? 이렇게 어떤 함수 $y(x)$에 대해서는 등식을 만족하는 미분을 포함한 방정식을 '미분 방정식'이라고 불러.

물리군   식(1-8-1)은 미분을 하면 자기 자신과 같아지는 함수이니까 $y = e^x$가 되는군요.

정교수 맞아. 하지만 $y = 2e^x$를 넣어도 되고, $y = 3e^x$를 넣어도 등식이 성립하지? 그러니까 미분 방정식 (1-8-1)의 해는

$y = ce^x$ (여기서 c는 임의의 상수)

가 돼. 그런데 미분 방정식(1-8-1)은 1계 도함수만 포함되어 있지? 이러한 미분 방정식을 1계 미분 방정식이라고 불러.

물리군 2계 도함수가 포함되어 있으면 2계 미분 방정식이군요.

정교수 맞아. 아주 간단한 2계 미분 방정식을 소개해줄게.

$$y''(x) = - y(x) \qquad\qquad (1-8-2)$$

삼각함수의 미분 공식으로부터,

$$(\sin x)' = \cos x$$
$$(\cos x)' = - \sin x$$

이니까,

$$(\sin x)'' = - \sin x$$
$$(\cos x)'' = - \cos x$$

가 된다.

물리군 그렇다면 2계 미분 방정식 (1-8-2)의 해는

$$\sin x \text{ 또는 } \cos x$$

가 되는군요.

정교수 일반적으로는

$$y = c_1\cos x + c_2\sin x$$

가 돼. 여기서 c_1과 c_2는 임의의 상수야.

이제 다음과 같은 2계 미분 방정식을 보자.

$$y''(x) + k^2 y(x) = 0 \text{(여기서 } k \text{는 실수)} \tag{1-8-3}$$

$$(\cos kx)'' = -k^2\cos kx$$
$$(\sin kx)'' = -k^2\sin kx$$

이므로, 2계 미분 방정식의 해는

$$y = c_1\cos kx + c_2\sin kx$$

라고 쓸 수 있어.

이번에는 다음 2계 미분 방정식을 보자.

$$y''(x) - q^2 y(x) = 0 \quad \text{(여기서 } q \text{는 실수)} \tag{1-8-4}$$

이 식은

$$y''(x) = q^2 y(x) \tag{1-8-5}$$

가 돼.

$$(e^{qx})'' = q^2 e^{qx}$$
$$(e^{-qx})'' = q^2 e^{qx}$$

이므로, 2계 미분 방정식(1-8-4)의 해는

$$y = c_1 e^{qx} + c_2 e^{-qx}$$

가 되지.

물리군   식(1-8-3)의 해는 삼각함수로 식(1-8-4)의 해는 지수함수로 나타낼 수 있군요.

정교수   식(1-8-3)의 해도 지수함수로 나타낼 수 있어.

물리군   어떻게요?

정교수   재미있는 등식을 만들어볼게.

다음 함수를 생각하자.

$$y = e^{Ax} \tag{1-8-6}$$

이 함수를 미분하면

$$y' = Ae^{Ax} \tag{1-8-7}$$

가 된다. 식(1-8-6)과 식(1-8-7)에서 $A = ia$(a는 실수)라고 놓아보자.

$$y = e^{iax} \tag{1-8-8}$$

이 함수를 미분하면

$$y' = iae^{iax} \tag{1-8-9}$$

이 된다.

e^{iax}는 실수부와 허수부로 나눌 수 있으므로 실수부를 $f(x)$, 허수부를 $g(x)$라고 두면,

$$e^{iax} = f(x) + ig(x) \tag{1-8-10}$$

이 된다. 식(1-8-10)을 식(1-8-9)에 넣으면

$$(f(x) + ig(x))' = ia(f(x) + ig(x))$$

가 된다. 이 식의 실수부와 허수부를 비교하면

$$f'(x) = -ag(x)$$
$$g'(x) = af(x)$$

이므로

$$f(x) = \cos ax$$
$$g(x) = \sin ax$$

세상에서 가장 쉬운 과학 수업 핵물리학

가 된다. 그러므로

$$e^{iax} = \cos ax + i\sin ax \qquad (1\text{--}8\text{--}11)$$

가 된다.

　한편

$$\left(e^{ikx}\right)'' = -k^2 e^{ikx}$$
$$\left(e^{-ikx}\right)'' = -k^2 e^{-ikx}$$

이므로, 미분 방정식(1-8-3)의 해는

$$y = c_1 e^{ikx} + c_2 e^{-ikx} \qquad (1\text{--}8\text{--}12)$$

라고 쓸 수 있다.

　한편 식(1-8-11)에서 x를 $-x$로 바꾸면

$$e^{-iax} = \cos ax - i\sin ax \qquad (1\text{--}8\text{--}13)$$

가 된다. 식(1-8-11)과 식(1-8-13)을 더하면

$$\cos ax = \frac{1}{2}\left(e^{iax} + e^{-iax}\right)$$

가 되고, 두 식을 빼주면,

$$\sin ax = \frac{1}{2i}\left(e^{iax} - e^{-iax}\right)$$

가 된다.

두 번째 만남

·

알파붕괴 이론

정교수   이번에는 알파붕괴 이론을 연구한 가모프의 논문[15]을 공부해
볼게.

가모프가 알파붕괴 이론 논문을 발표한 시점은 1928년이다. 1924
년 드브로이[16]는 모든 물질은 입자이면서 동시에 파동이라는 물질의
이중성을 알아냈다. 예를 들어 빛은 파동의 성질도 가지고 있고 입자
의 성질도 가지고 있다. 이렇게 입자와 파동의 성질을 동시에 가지는
물질을 '양자'라고 부른다. 즉 빛은 양자이다.

드브로이는 일반적으로 운동량[17]의 크기가 p인 양자를 파동으로
묘사할 때 이 파동의 파장 λ는

$$\lambda = \frac{h}{p}$$

(2-1-1)

가 된다는 것을 알아냈다.

드브로이의 논문이 나온 후 이듬해인 1925년 하이젠베르크[18]와 보

---

15 Gamow, G.(1928), "Zur Quantentheorie des Atomkernes", Zeitschrift für Physik 51, 204.

16 L. De Broglie, Phil. Mag. 47, 446 (1924).

17 운동량은 질량과 속도의 곱을 말한다.

18 Heisenberg, W.(1925), "Über quantentheoretische Umdeutung kinematischer und mechanischer Beziehungen", Zeitschrift für Physik. 33 (1); 879–893.

른-요르단[19]은 양자의 위치와 양자의 운동량[20]을 동시에 정확하게 결정할 수 없다는 불확정성원리를 알아냈다.[21] 이들은 모든 과학자가 입자라고 믿고 있었던 전자가 파동의 성질을 가진다는 것을 알아냈다. 즉, 양자는 입자로도 파동으로서도 묘사될 수 있다. 전자가 파동의 성질을 가진다는 사실로부터 전자의 파동함수가 만족하는 방정식을 찾아낸 사람은 슈뢰딩거이다.

또한 하이젠베르크와 보른-요르단은 양자의 위치와 운동량은 수가 아니라 파동함수에 작용하는 연산자[22]가 되어야 한다는 것을 알아냈다. 위치연산자 $\hat{x}$는 x으로, 운동량 연산자는 $\hat{p}$라고 쓰면, 이 두 연산자는

$$\hat{x}\hat{p} - \hat{p}\hat{x} = i\hbar \qquad (2\text{-}1\text{-}2)$$

을 만족한다. 여기서 $\hbar = \dfrac{h}{2\pi}$이고 h는 플랑크상수이다. 양자를 묘사하는 파동함수를 $\psi(x, t)$라고 하면, 식(2-1-2)은

$$(\hat{x}\hat{p} - \hat{p}\hat{x})\psi(x,t) = i\hbar\psi(x,t) \qquad (2\text{-}1\text{-}3)$$

가 된다. 이 식을 만족하는 $\hat{x}$과 $\hat{p}$은 다음과 같이 구해진다.

---

19 Born, M.; Jordan, P.(1925), "Zur Quantenmechanik", Zeitschrift für Physik. 34 (1); 858 – 888.

20 뉴턴 물리학에서 운동량은 질량과 속도의 곱을 말한다.

21 『불확정성원리』, 정완상 지음, 성림원북스

22 미분이나 적분처럼 어떤 함수에 작용해 다른 함수를 만드는 것.

$$\hat{x} = x$$

$$\hat{p} = \frac{\hbar}{i} \frac{d}{dx} \qquad\qquad (2\text{--}1\text{--}4)$$

위치와 운동량이 연산자가 되었으므로 역학적 에너지도 연산자로 바뀌게 된다. 역학적 에너지에 대한 연산자를 '해밀토니안 연산자'라 고 말하고 $\hat{H}$라고 쓴다. 그러므로 해밀토니안 연산자는

$$\hat{H} = \frac{\hat{p}^2}{2m} + V(\hat{x}) \qquad\qquad (2\text{--}1\text{--}5)$$

가 된다. 여기서 V는 퍼텐셜 에너지[23]이다.

1747년 프랑스의 수학자이자 물리학자인 달랑베르(Jean–Baptiste le Rond d'Alembert, 1717~1783)는 모든 파동 $\psi(x, t)$는

$$\frac{\partial^2 \psi(x,t)}{\partial x^2} = \frac{1}{v^2} \frac{\partial^2 \psi(x,t)}{\partial t^2} \qquad\qquad (2\text{--}1\text{--}6)$$

를 만족한다는 것을 알아냈는데, 이 식을 '파동방정식'이라고 부른 다.[24] 이 식에서 v는 파동의 속력이다. 여기서 $\dfrac{\partial \psi(x,t)}{\partial x}$ 는 $\psi(x, t)$를 x만 문자로 간주하고 미분하는 것을 말하는데, 이것을 $\psi(x, t)$의 x에

---

23 다른 말로는 '위치에너지'라고 한다.

24 J. d'Alembert, Recherches sur les cordes vibrantes (1747).

대한 편미분이라고 부른다. $\dfrac{\partial^2 \psi(x,t)}{\partial x^2}$ 는 $\psi(x,t)$를 x에 대한 편미분을 두 번 한 것을 말한다.

양자가 파동으로 묘사될 수 있으므로 양자를 나타내는 파동함수 $\psi(x,t)$는 파동방정식을 만족한다. 이제 파동방정식의 해를

$$\psi(x,t) = Ae^{ax+bt} \qquad (2\text{-}1\text{-}7)$$

이라고 가정하자. (2-1-7)을 (2-1-6)에 넣으면

$$b^2 = v^2 a^2 \qquad (2\text{-}1\text{-}8)$$

이 된다. 이제 운동량 연산자를 파동함수에 작용했을 때 운동량이 측정되는 경우를 보자. 이것은

$$\hat{p}\psi(x,t) = \frac{\hbar}{i}\frac{d}{dx}\psi(x,t) = p\psi(x,t) \qquad (2\text{-}1\text{-}9)$$

를 의미한다. (2-1-9)에 (2-1-7)을 넣으면

$$\frac{\hbar}{i}a = p$$

또는

$$a = i\frac{p}{\hbar} \qquad (2\text{-}1\text{-}10)$$

이다.

여기서 운동량은 벡터이므로 양수일 수도 있고, 음수일 수도 있다. 파동은 오른쪽으로 진행하는 파동도 있고, 왼쪽으로 진행하는 파동도 있다. 오른쪽으로 진행하는 파동에 대해 $p = |p|$로 택하고, 왼쪽으로 진행하는 파동에 대해 $p = -|p|$로 택하자. 여기서 $|p|$는 운동량의 크기이다.

오른쪽으로 진행하는 파동에 대해

$$a = i\frac{|p|}{\hbar} \qquad\qquad (2-1-11)$$

가 되고, 왼쪽으로 진행하는 파동에 대해

$$a = -i\frac{|p|}{\hbar} \qquad\qquad (2-1-12)$$

가 된다. 한편, 오른쪽으로 진행하는 파동은 $x - vt$의 함수가 되어야 하므로, (2-1-8)에서

$$b = -iv\frac{|p|}{\hbar}$$

가 된다. (2-1-1)을 이용하면,

$$b = -iv\frac{2\pi}{\lambda}$$

가 되고, 파동의 파장은 속도와 주기 T의 곱이므로

$$\lambda = vT$$

가 된다. 주기의 역수를 진동수 ν라고 하므로

$$\nu = \frac{1}{T}$$

가 된다. 물리학자들은 각 진동수 $w = 2\pi\nu$를 사용하는 것을 더 좋아하므로

$$b = -iw$$

가 된다. 한편, 파수 k를

$$k = \frac{2\pi}{\lambda}$$

로 정의하면 오른쪽으로 진행하는 파동은

$$\psi(x,t) = Ae^{i(kx-wt)} \tag{2-1-13}$$

가 되고, 왼쪽으로 진행하는 파동은

$$\psi(x,t) = Ae^{-i(kx+wt)} \tag{2-1-14}$$

가 된다. 한편 양자의 에너지를 E라고 하면

$$E = h\nu = \hbar w \qquad (2\text{-}1\text{-}15)$$

로 주어지므로

$$i\hbar \frac{\partial \psi(x,t)}{\partial t} = \hbar w \psi(x,t) = E\psi(x,t) \qquad (2\text{-}1\text{-}16)$$

가 된다. 따라서 양자를 파동으로 묘사할 때 파동함수가 만족하는 방정식은

$$i\hbar \frac{\partial \psi(x,t)}{\partial t} = \left(\frac{\hat{p}^2}{2m} + V(\hat{x}) \right) \psi(x,t) \qquad (2\text{-}1\text{-}17)$$

또는

$$i\hbar \frac{\partial \psi(x,t)}{\partial t} = \left(-\frac{\hbar^2}{2m} \frac{\partial^2}{\partial x^2} + V(x) \right) \psi(x,t) \qquad (2\text{-}1\text{-}18)$$

이 된다. 이것을 '일차원 시간 의존 슈뢰딩거 방정식'[25]이라고 부른다.

이때

$$\psi(x, t) = u(x) \, T(t)$$

라고 두고 식(2-1-18)에 넣으면,

---

25 Schrodinger, Erwin(1926), "Quantisierung als Eigenwertproblem", Annalen der Physik, 384 (4); 273 – 376.

$$i\hbar u(x)\frac{dT(t)}{dt} = T(t)\left(-\frac{\hbar^2}{2m}\frac{d^2}{dx^2} + V(x)\right)u(x)$$

이 된다. 양변을 $u(x)\,T(t)$로 나누면

$$i\hbar\frac{1}{T(t)}\frac{dT(t)}{dt} = \frac{1}{u(x)}\left(-\frac{\hbar^2}{2m}\frac{d^2}{dx^2} + V(x)\right)u(x) \qquad (2\text{-}1\text{-}19)$$

가 된다. 한편, (2-1-16)에서

$$i\hbar u(x)\frac{dT}{dt} = Eu(x)\,T(t)$$

또는

$$i\hbar\frac{dT}{dt} = ET(t)$$

또는

$$\frac{dT}{dt} = \frac{E}{i\hbar}T(t) \qquad (2\text{-}1\text{-}20)$$

이 된다.

$$\frac{d}{dt}e^{At} = Ae^{At}$$

이므로

$$T(t) = e^{\frac{E}{i\hbar}t}$$

가 된다. 그러므로

$$\psi(x,t) = u(x)e^{\frac{E}{i\hbar}t} \qquad\qquad (2\text{-}1\text{-}21)$$

이 되고, (2-1-19)는

$$E = \frac{1}{u(x)}\left(-\frac{\hbar^2}{2m}\frac{d^2}{dx^2} + V(x)\right)u(x)$$

이 되어, $u(x)$는

$$\left(-\frac{\hbar^2}{2m}\frac{d^2}{dx^2} + V(x)\right)u(x) = Eu(x) \qquad\qquad (2\text{-}1\text{-}22)$$

를 만족한다. 이것을 '일차원 시간 비의존 슈뢰딩거 방정식'이라고 부른다. 그러므로 퍼텐셜 에너지가 시간에 의존하지 않을 때는 시간 비의존 방정식만 풀면, 그것에 $e^{\frac{E}{i\hbar}t}$을 곱해 시간 의존 슈뢰딩거 방정식을 풀 수 있다.

만일 3차원을 생각하면 3차원 시간 의존 슈뢰딩거 방정식은

$$i\hbar\frac{\partial \psi(x,y,z,t)}{\partial t} = \left[-\frac{\hbar^2}{2m}\left(\frac{\partial^2}{\partial x^2} + \frac{\partial^2}{\partial y^2} + \frac{\partial^2}{\partial z^2}\right) + V(x,y,z)\right]\psi(x,y,z,t)$$
$$(2\text{-}1\text{-}23)$$

이 되고, 3차원 시간 비의존 슈뢰딩거 방정식은

$$\left[-\frac{\hbar^2}{2m} \left(\frac{\partial^2}{\partial x^2} + \frac{\partial^2}{\partial y^2} + \frac{\partial^2}{\partial z^2} \right) + V(x,y,z) \right] u(x,y,z) = Eu(x,y,z)$$

(2-1-21)

가 되며,

$$\psi(x,y,z,t) = e^{\frac{E}{i\hbar}t} u(x,y,z)$$

(2-1-21)

가 된다.

물리군 그러니까 양자역학은 주어진 퍼텐셜 에너지에 따라 파동함수와 에너지를 구하는 문제군요.

정교수 맞아.

슈뢰딩거 방정식의 경계조건 _ 양자역학은 확률게임이다

물리군 슈뢰딩거 방정식에서 파동함수의 의미는 뭐죠?

정교수 간단히 알아보기 위해 일차원 양자역학을 생각할게. 1926년 보른[26]은 파동함수 $\psi(x, t)$의 절댓값이 양자를 시각 t일 때 위치 x에서

---

26 Born, Max(1926), "Zur Quantenmechanik der Sto ß vorgänge", Zeitschrift für Physik. Vol. 37. pp. 863 – 867.

발견할 확률이라고 가정했어.

물리군   파동함수 $\psi(x,\,t)$는 일반적으로 복소수이기 때문에 확률로 생각할 수는 없군요.

정교수   맞아. 확률은 0 이상의 실수가 되어야 하니까. 그러니까 양자를 시각 t일 때 위치 x에서 발견할 확률을 $P(x,\,t)$라고 하면

$$P(x,t) = \left|\psi(x,t)\right|^2 \tag{2-2-1}$$

이 되지. 그런데 퍼텐셜 에너지가 시간에 의존하지 않으면 식(2-1-21)에 의해

$$P(x,t) = \left|u(x)\right|^2 \left|e^{\frac{E}{i\hbar}t}\right|^2 = \left|u(x)\right|^2$$

이 되지.

물리군   확률이 시간에 의존하지 않는군요. 그런데 왜 $\left|e^{\frac{E}{i\hbar}t}\right|^2 = 1$ 이 되는 거죠?

정교수   다음과 같이 놓아봐.

$$e^{\frac{E}{i\hbar}t} = e^{ib}$$

여기서

$$b = -\frac{E}{\hbar}t$$

로 실수이지. 식(1-8-11)로부터,

$$e^{ib} = \cos b + i \sin b$$

이 되고, 이것으로부터

$$\left| e^{ib} \right|^2 = \cos^2 b + \sin^2 b = 1$$

이 되지. 퍼텐셜 에너지가 시간에 의존하지 않는 경우에는 확률이 시간에 따라 달라지지 않아. 그러니까 전자를 어떤 위치 x에서 발견할 확률을 $P(x)$라고 하면

$$P(x) = \left| u(x) \right|^2 \tag{2-2-2}$$

이 되지. 그러니까 굳이 복잡한 시간 의존 슈뢰딩거 방정식을 쓸 필요 없이, 시간 비의존 슈뢰딩거 방정식을 사용하면 돼. 주어진 퍼텐셜 에너지에 대해 $u(x)$를 구한 수 (2-2-2)에 의해 $P(x)$를 구해, 전자가 어디에 있을 확률이 얼마나 되는지를 알 수 있지.

물리군 양자역학은 확률게임이군요.

정교수 맞아. 불확정성원리 때문에 전자가 어디에 있는지를 정확하게 알 수 없어 전자가 어떤 위치에 있을 확률을 계산할 수밖에 없어.

퍼텐셜 계단 _ 양자의 신비가 궁금해!

정교수　간단한 양자역학 문제를 풀어볼게. 일차원 양자역학을 생각할 거야. 퍼텐셜 에너지가 다음과 같다고 해봐.

$$V(x) = \begin{cases} 0 & (x < 0) \\ V_0 & (x > 0) \end{cases}$$

여기서 V_0는 일정한 값이라고 하고 퍼텐셜 에너지를 그래프로 나타내면 다음 그림과 같아.

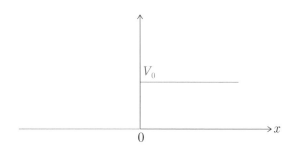

물리군　계단 모양이군요.

정교수　그래서 이 문제를 '퍼텐셜 계단 문제'라고 불러.

물리군　이때 퍼텐셜 에너지가 시간에 의존하지 않으니까 시간 비의존 슈뢰딩거 방정식을 사용하면 되겠군요.

정교수　맞아. 그런데 영역에 따라서 퍼텐셜 에너지가 달라지거든. 그러니까 다음과 같이 두 개의 영역을 각각 I, II라고 하자.

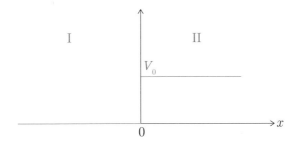

물리군 영역 I은 $x<0$인 곳이고 영역 II는 $x>0$인 곳이군요.

정교수 맞아. 이제 영역 I에서의 파동함수를 u_I이라고 쓰고 영역 II에서의 파동함수를 u_{II}라고 쓸 거야. 이제 $E>V_0$인 에너지를 갖는 양자가 왼쪽에서 오른쪽으로 입사하는 경우를 보자.

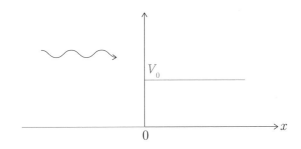

영역 I에서 슈뢰딩거 방정식은

$$-\frac{\hbar^2}{2m}\frac{d^2}{dx^2}u_I(x) = Eu_I(x) \qquad (2\text{–}3\text{–}1)$$

가 된다. 여기서

$$k = \sqrt{\frac{2mF_i}{\hbar^2}}$$
(2-3-2)

이라고 두면, 식(2-3-1)는

$$\frac{d^2}{dx^2} u_I(x) + k^2 u_I(x) = 0$$
(2-3-3)

가 된다. 이 미분 방정식의 해는

$$u_I(x) = c_1 e^{ikx} + c_2 e^{-ikx}$$
(2-3-4)

가 된다.

물리군 영역 I에서는 오른쪽으로 가는 파동 e^{ikx}와 왼쪽으로 가는 파동 e^{-ikx}가 생겼군요.

정교수 맞아. 오른쪽으로 가는 파동을 '입사파'라고 부르고 왼쪽으로 가는 파동을 '반사파'라고 불러.

물리군 반사파는 왜 생기죠?

정교수 양자역학에서는 양자가 진행하다가 퍼텐셜 에너지의 변화를 느끼게 되면 반사파가 생겨. $x = 0$에서 퍼텐셜 에너지의 변화가 생기잖아?

물리군 퍼텐셜 에너지가 0에서 V_0로 변했어요.

정교수 그래서 반사파가 생긴 거야. 입사파의 진폭을 1이라고 두고 반사파의 진폭을 반사를 나타내는 영어단어 Reflection의 첫 글자인

R이라고 둘게. 그러면 영역 I에서의 해는

$$u_I(x) = c^{ikx} + Re^{-ikx} \qquad (2\text{-}3\text{-}5)$$

이 되지.

이제 영역 II를 보자. 이때 슈뢰딩거 방정식은

$$-\frac{\hbar^2}{2m}\frac{d^2}{dx^2}u_{II}(x) = (E - V_0)\,u_{II}(x) \qquad (2\text{-}3\text{-}6)$$

가 된다. 여기서

$$k' = \sqrt{\frac{2m(E - V_0)}{\hbar^2}} \qquad (2\text{-}3\text{-}7)$$

이라고 두면, 식(2-3-6)은

$$\frac{d^2}{dx^2}u_{II}(x) + k'u_{II}(x) = 0 \qquad (2\text{-}3\text{-}8)$$

가 된다. 영역 II를 지나는 동안 퍼텐셜 에너지는 달라지지 않고 V_0로 일정해. 그러니까 영역 II에서 왼쪽으로 가는 파동은 생기지 않아. 영역 II에서 오른쪽으로 간 파동을 '투과파'라고 부르는데, 투과파의 진폭을 T라고 쓰면,

$$u_{II}(x) = Te^{ik'x} \qquad (2\text{-}3\text{-}9)$$

그러니까 슈뢰딩거 방정식의 해는

$$u(x) = \begin{cases} u_I = e^{ikx} + Re^{-ikx} & (x < 0) \\ u_{II} = Te^{ik'x} & (x > 0) \end{cases}$$

(2-3-10)

가 된다.

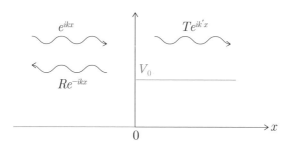

물리군 R과 T는 어떻게 구하죠?

정교수 그것은 u와 u'의 $x = 0$에서의 연속조건을 사용하면 돼.

물리군 그 조건은 어디서 나오는 거죠?

정교수 슈뢰딩거 방정식은 다음과 같이 쓸 수 있어.

$$\frac{d^2}{dx^2} u(x) = \frac{2m}{\hbar^2} (V(x) - E) u(x)$$

(2-3-10)

이 식에서 퍼텐셜 에너지는 불연속일 수 있어. 우리가 지금 다루고 있는 계단 퍼텐셜 문제의 경우도 퍼텐셜 에너지는 $x = 0$에서 불연속이잖아? 식(2-3-11)에서 우변이 불연속이므로 좌변도 불연속이야. 그

세상에서 가장 쉬운 과학 수업 핵물리학

러니까 u''은 불연속이야. 그런데 u'은 u''를 적분한 거야. 적분은 곡선 아래의 면적이니까 u''이 불연속이라도 u'' 아래의 면적은 연속이 돼. 그러니까 퍼텐셜 에너지가 불연속일 때도 u'은 연속이 되지. 연속인 함수의 적분은 다시 연속이 되니까 u도 연속함수가 돼.

이제 $x = 0$에서 u의 연속 조건은

$$u_I(0) = u_{II}(0)$$

또는

$$1 + R = T \tag{2-3-12}$$

가 된다. 이제 $x = 0$에서 u'의 연속 조건은

$$u_I{'}(0) = u_{II}{'}(0)$$

또는

$$ik - ikR = ik'T \tag{2-3-13}$$

가 된다. 식(2-3-12)와 식(2-3-13)을 연립하면

$$R = \frac{k - k'}{k + k'}$$

$$T = \frac{2k}{k + k'} \tag{2-3-14}$$

가 된다.

  파장은 2π를 파수 k로 나눈 값이므로 영역 I에서 파동의 파장을 λ_I이라고 하고 영역 II에서의 파동의 파장을 λ_{II}라고 두면

$$\lambda_I = \frac{2\pi}{k}$$

$$\lambda_{II} = \frac{2\pi}{k'} \qquad (2\text{-}3\text{-}15)$$

이 된다. $k>k'$이므로 $\lambda_{II}>\lambda_I$이 된다. 그러므로 반사파의 파장은 입사파와 같고 투과파의 파장은 입사파보다 길어진다. 영역 I에서 파동의 운동량을 p_I이라고 하고 영역 II에서 파동의 운동량을 p_{II}라고 두면

$$p_I = \hbar k$$

$$p_{II} = \hbar k'$$

이므로 투과파의 운동량은 입사파보다 작아진다. 즉 투과파의 속도는 입사파보다 작다.

물리군　수식으로는 이해가 돼요. 그런데 이 문제에 대응되는 고전역학 문제는 뭐죠?

정교수　다음 그림을 봐.

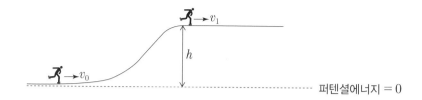

속도 v_0로 인라인을 타고 가는 질량이 m인 소년이 높이 h인 언덕을 올라가 속도가 v_1이 되었다고 해보자. 이 소년의 역학적 에너지 E는 보존된다고 가정하자. 이때,

(언덕에 오르기 전 소년의 역학적 에너지) $= E = \dfrac{1}{2}mv_0^2$

(언덕에 오른 후 소년의 역학적 에너지) $= E = \dfrac{1}{2}mv_1^2 + mgh$

이다. 여기서 g는 중력가속도이다. 여기서 $mgh = V_0$라고 두면

$$E = V_0 + \dfrac{1}{2}mv_1^2$$

이 되어, $E > V_0$가 되면 소년은 언덕 위로 올라갈 수 있다. 이때 $v_1 < v_0$이므로 언덕으로 올라간 후 소년의 속도는 작아진다.

물리군 언덕을 오르기 전의 소년을 입사파, 언덕을 오른 후의 소년을 투과파로 생각하면 되겠군요. 그런데 반사파는 안 나타나네요.

정교수 맞아. 반사파가 생기는 건 오로지 양자역학의 효과야. 고전역학에서는 상상할 수 없는 일이지.

물리군 $E <\cdot V_0$이면 소년은 언덕 위로 올라갈 수 없군요

정교수 고전역학적으로는 그렇지. 하지만 양자역학에서는 언덕을 뚫고 들어갈 수 있어.

물리군 그건 왜 그렇죠?

정교수 $E < V_0$이면 k'이 허수가 돼.

$$k' = \sqrt{\frac{2m(E-V_0)}{\hbar^2}} = \sqrt{-\frac{2m(V_0-E)}{\hbar^2}} = iq$$

여기서

$$q = \sqrt{\frac{2m(V_0-E)}{\hbar^2}} \qquad (2\text{-}3\text{-}16)$$

야. 그러므로 슈뢰딩거 방정식의 해는

$$u(x) = \begin{cases} u_I = e^{ikx} + Re^{-ikx} & (x < 0) \\ u_{I\!I} = Te^{-qx} & (x > 0) \end{cases} \qquad (2\text{-}3\text{-}17)$$

이고,

$$T = \frac{2k}{k+iq} \qquad (2\text{-}3\text{-}18)$$

가 되지.

물리군 $E < V_0$일 때도 투과파가 생기는군요.

세상에서 가장 쉬운 과학 수업 핵물리학

정교수   맞아. 투과파는

$$u_{II} = \frac{2k}{k+iq}e^{-qx}$$

이 되지.

물리군   그렇다면 $x > 0$에서 투과파를 발견한 확률은

$$P_{II} = \left| u_{II} \right|^2 = \frac{4k^2}{k^2+q^2}e^{-2qx}$$

$$= 4\frac{E}{V_0}e^{-\frac{2}{\hbar}\sqrt{2m(V_0-E)}x}$$

(2-3-19)

가 돼. 그러니까 $E < V_0$일 때 영역 II에서 양자를 발견할 확률이 존재하지. $V_0 = 2E$일 때 그래프의 모습은 다음과 같아.

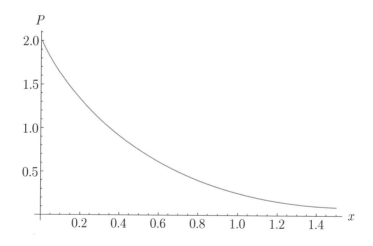

물리군 x가 커질수록 확률이 줄어드는군요.

정교수   물론이야. 양자역학에서는 고전역학에서 불가능한 일이 일어나. $E < V_0$일 때 고전역학에서는 영역 II에서 입자를 발견할 수 없지만 양자역학에서는 영역 II에서 양자를 발견할 수 있는 확률이 존재해. 이 확률은 x가 작을수록 크고 x가 커질수록 작아지면서 지수함수에 따라 감소하는 그래프를 그려.

물리군   양자의 신비를 보여주는 하나의 예군요.

가모프의 논문 속으로 I _ 양자터널링으로 알파붕괴 이론 설명

물리군   슈뢰딩거 방정식이 발표된 지 2년이 지난 후 가모프는 알파입자를 양자로 취급하면 핵에서 알파입자가 튀어나오는 알파붕괴를 설명할 수 있지 않을까, 하는 생각을 했어. 그는 양자터널링이라는 놀라운 아이디어를 만들어내 알파붕괴 이론을 내놓았지.[27] 이제 우리는 가모프의 논문 속으로 들어가 볼 거야.

물리군   알파입자가 슈뢰딩거 방정식을 만족한다는 얘기죠?

정교수   맞아.

가모프는 알파입자가 어떻게 핵력을 이겨내고 핵 밖으로 튀어나올

---

27 Gamow, G.(1928), Zur Quantentheorie des Atomkernes, Zeitschrift für Physik 51.

세상에서 가장 쉬운 과학 수업 핵물리학

수 있는가에 주목했다. 그는 핵력에 의한 포텐셜을 일정한 값 V_0이라고 두었다. 다음 그림은 각 영역에서의 퍼텐셜 에너지를 그래프로 그린 것이다.

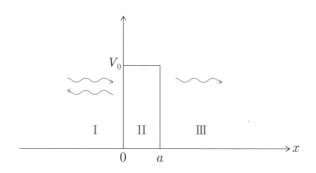

영역 I은 핵 안을 의미하고, 영역 II는 핵력이 만드는 일정한 퍼텐셜 에너지, 영역 III는 핵 밖을 의미한다.

(영역 I) $x < 0$
(영역 II) $0 < x < a$
(영역 III) $x > a$

핵 안의 알파입자가 가진 에너지를 E라고 할 때 $E < V_0$이다.[28]

---

28 가모프는 오른쪽에서 왼쪽으로 알파입자가 진행하는 경우를 생각했고 일정한 퍼텐셜 에너지를 U_0라고 두었다.

이것을 고전역학적으로 생각해보자 다음 그림처럼 스키어가 높이 h인 언덕을 넘는 경우를 떠올려보자.

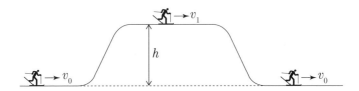

질량이 m인 스키어의 역학적 에너지 E가 보존된다고 하면

$$E = \frac{1}{2}mv_0^2 = \frac{1}{2}mv_1^2 + mgh$$

또는

$$\frac{1}{2}mv_1^2 = E \quad V_0$$

가 된다. 여기서 $V_0 = mgh$이다. 그러므로 스키어가 언덕을 위로 올라가려면

$$\frac{1}{2}mv_1^2 = E - V_0 > 0$$

로부터 $E > V_0$를 만족해야 한다. 즉 $E < V_0$이면 스키어는 언덕 위로 올라갈 수 없다.

그런데 핵력이 만드는 퍼텐셜 에너지가 핵 속의 알파입자가 가진

세상에서 가장 쉬운 과학 수업 핵물리학

에너지보다 크다. 그러므로 고전물리로는 알파입자가 핵 밖으로 튀어나오는 현상을 설명할 수 없었다. 가모프는 알파입자가 양자역학을 따른다면 $E < V_0$이라도 핵 밖으로 튀어나올 확률이 존재할 거로 생각했다. 이것은 마치 스키어가 벽에 터널을 만들어 튀어나오는 것과 같다. 가모프는 이러한 현상을 '양자터널링'이라고 불렀다.

물리군 양자가 만드는 또 다른 신비군요.

정교수 맞아. 이제 앞선 퍼텐셜 계단 문제처럼 세 영역에서의 파동함수를 각각 u_I, u_{II}, u_{III}라고 쓰자. 만일 $E > V_0$라면

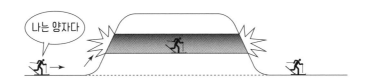

$$u_I = e^{ikx} + Re^{-ikx}$$

$$u_{II} = Ce^{ik'x} + De^{-ik'x}$$

$$u_{III} = Te^{ikx} \qquad\qquad (2\text{-}4\text{-}1)$$

가 된다. 여기서 k와 k'는 식(2-3-2)와 식(2-3-7)에 정의되어 있다.

물리군 이번에는 영역 II에서도 반사파가 생기는군요.

정교수 $x = 0$에서 퍼텐셜 에너지가 V_0에서 0으로 변하기 때문이야. 퍼텐셜 에너지가 변하는 경계에서는 반사파가 생기거든.

물리군 그렇군요.

정교수 $E < V_0$인 경우에는 각 영역에서의 해가 다음과 같다.

$$u_I = e^{ikx} + Re^{-ikx}$$

$$u_{II} = Ce^{-qx} + De^{qx}$$

$$u_{III} = Te^{ikx} \tag{2-4-2}$$

여기서 q는 식(2-3-16)에 정의되어 있다.

이제 u_I은

$$u_I = \cos kx + i\sin kx + R(\cos kx - i\sin kx)$$

$$= (1 + R)\cos kx + i(1 - R)\sin kx$$

이라고 쓸 수 있다. 여기서

$$1 + R = a$$

$$-i(1 - R) = b$$

라 두면

$$u_I = a \cos kx - b \sin kx$$

$$= \sqrt{a^2 + b^2} \left(\cos kx \times \frac{a}{\sqrt{a^2 + b^2}} - \sin kx \times \frac{b}{\sqrt{a^2 + b^2}} \right)$$

이 된다. 여기서,

$$\cos \alpha = \frac{a}{\sqrt{a^2 + b^2}}$$

$$\sin \alpha = \frac{b}{\sqrt{a^2 + b^2}}$$

$$A = \sqrt{a^2 + b^2}$$

이라 두면,

$$u_I = A(\cos kx \cos \alpha - \sin kx \sin \alpha) = A\cos(kx + \alpha) \qquad \text{(2-4-3)}$$

가 된다.

물리군 가모프 논문의 식이 나왔어요.

정교수 하지만 가모프의 식은 삼각함수를 많이 사용해야 하니까 불편해. 그리고 핵을 탈출한 알파입자의 식도 조금 잘못되어 있고. 그래서 우리는 삼각함수 대신에 복소수 지수함수를 이용할 거야.

이제 연속 조건을 사용해 각 계수를 구해보자. $x = 0$에서 연속 조건은

$$u_I(0) = u_{II}(0)$$

$$u_I{}'(0) = u_{II}{}'(0)$$

가 되어,

$$1 + R = C + D \qquad\qquad (2\text{-}4\text{-}4)$$

$$ik(1 - R) = -q(C - D) \qquad\qquad (2\text{-}4\text{-}5)$$

이 된다. 이 두 식은 다음과 같이 쓸 수 있다.

$$1 + R = C + D \qquad\qquad (2\text{-}4\text{-}6)$$

$$1 - R = i\frac{q}{k}(C - D) \qquad\qquad (2\text{-}4\text{-}7)$$

두 식을 더하면

$$2 = \left(1 + i\frac{q}{k}\right)C + \left(1 - i\frac{q}{k}\right)D \qquad\qquad (2\text{-}4\text{-}8)$$

가 되고, 두 식을 빼면,

$$2R = \left(1 - i\frac{q}{k}\right)C + \left(1 + i\frac{q}{k}\right)D \qquad\qquad (2\text{-}4\text{-}9)$$

가 된다.

이제 $x = a$에서의 연속 조건을 사용하자. 이것은

$$u_{II}(a) = u_{III}(a)$$

$$u'_{II}(a) = u'_{III}(a)$$

가 되어,

$$Ce^{-qa} + De^{qa} = Te^{ika} \qquad (2\text{-}4\text{-}10)$$

$$Ce^{-qa} - De^{qa} = -i\frac{k}{q}Te^{ika} \qquad (2\text{-}4\text{-}11)$$

가 된다. 이 두 식을 더하면

$$2Ce^{-qa} = \left(1 - i\frac{k}{q}\right)Te^{ika} \qquad (2\text{-}4\text{-}12)$$

이 되고, 두 식을 빼면

$$2De^{qa} = \left(1 + i\frac{k}{q}\right)Te^{ika} \qquad (2\text{-}4\text{-}13)$$

가 된다. 식(2-4-13)을 식(2-4-12)로 나누면

$$\frac{D}{C} = \frac{q + ik}{q - ik}e^{-2qa} \qquad (2\text{-}4\text{-}14)$$

가 된다. 한편

$$R - \frac{2R}{2}$$

의 분모 분자에 식(2-4-8)과 식(2-4-9)를 넣으면

$$R = \frac{\left(1 - i\frac{q}{k}\right)C + \left(1 + i\frac{q}{k}\right)D}{\left(1 + i\frac{q}{k}\right)C + \left(1 - i\frac{q}{k}\right)D}$$

$$= \frac{\left(1 - i\frac{q}{k}\right) + \left(1 + i\frac{q}{k}\right)\frac{D}{C}}{\left(1 + i\frac{q}{k}\right) + \left(1 - i\frac{q}{k}\right)\frac{D}{C}} \tag{2-4-15}$$

이 된다. 이 식에 식(2-4-14)를 넣어서 정리하면,

$$R = \frac{-i\left(k^2 + q^2\right)\left(1 - e^{-2qa}\right)}{2kq + i\left(q^2 - k^2\right) + \left(2kq - i\left(q^2 - k^2\right)\right)e^{-2qa}} \tag{2-4-16}$$

이 된다. 이제 식(2-4-8)과 식(2-4-9)에서 C를 구하면

$$C = \frac{1}{2}\left[\left(1 - i\frac{k}{q}\right) + \left(1 + i\frac{k}{q}\right)R\right] \tag{2-4-17}$$

가 되고, 식(2-4-12)로부터

$$e^{-qa}\left[\left(1 - i\frac{k}{q}\right) + \left(1 + i\frac{k}{q}\right)R\right] = \left(1 - i\frac{k}{q}\right)Te^{ika}$$

또는

$$T = \frac{\left(1 - i\frac{k}{q}\right) + \left(1 + i\frac{k}{q}\right)R}{1 - i\frac{k}{q}} e^{-(q+ik)a} \tag{2-4-18}$$

가 된다. 식(2-4-18)에 식(2-4-16)을 넣어 정리하면

$$T = \frac{4ikqe^{-qa}e^{-ika}}{(k+iq)^2 - (k-iq)^2 e^{-2qa}} \tag{2-4-19}$$

이 된다.

물리군 엄청난 계산이네요.

정교수 어려운 건 아닌데 틀리기 쉬운 계산이지. 이론물리학자들이 매일 하는 일이야.

이제 양자터널링을 한 투과파는

$$u_{II} = \left(\frac{4ikqe^{-qa}e^{-ika}}{(k+iq)^2 - (k-iq)^2 e^{-2qa}} \right) e^{ikx} \tag{2-4-20}$$

가 된다. 그러므로 투과파를 발견할 확률은

$$|u_{II}|^2 = \frac{(4kqe^{-qa})^2}{\left| (k+iq)^2 - (k-iq)^2 e^{-2qa} \right|^2} \tag{2-4-21}$$

가 된다. 여기서 $|i| = 1$과

$$|e^{-ika}| = |\cos ka - i \sin ka| = \sqrt{\cos^2 ka + \sin^2 ka} = 1$$

을 이용했다. 복소수 $z = a + ib$에 대해 그 크기는

$$|z| = \sqrt{a^2 + b^2}$$

이므로,

$$|u_{III}|^2 = \frac{(4kq)^2 e^{-2qa}}{(k^2 - q^2)^2 (1 - e^{-2qa})^2 (2kq)^2 (1 + e^{-2qa})^2} \tag{2-4-22}$$

여기서 가모프는 핵력에 의한 퍼텐셜 에너지가 알파입자의 에너지보다 훨씬 더 큰 경우를 생각했다. 즉 V_0가 E에 비해 훨씬 더 큰 경우, q는 큰 수가 된다. 이제

$$1 - e^{-2qa}$$

를 보자. 큰 수 q에 대해 e^{-qa}는 1에 비해 아주 작으므로 다음 근사를 이용한다.

$$1 - e^{-2qa} \approx 1$$

마찬가지로,

$$1 + e^{-2qa} \approx 1$$

가 된다. 그러므로 식(2-4-22)는

세상에서 가장 쉬운 과학 수업 핵물리학

$$|u_{III}|^2 \approx \frac{(4kq)^2 e^{-2qa}}{(k^2-q^2)^2+(2kq)^2} = \frac{(4kq)^2}{(k^2+q^2)^2} e^{-2qa}$$

또는

$$|u_{III}|^2 \approx \frac{16E(V_0-E)}{V_0^2} e^{-\frac{2}{\hbar}\sqrt{2m(V_0-E)}\,a}$$

가 되고, V_0가 E에 비해 아주 크다고 하면

$$|u_{III}|^2 \approx \frac{16E}{V_0} e^{-\frac{2}{\hbar}\sqrt{2m(V_0-E)}\,a}$$

이 된다. 즉 핵 밖에서 알파입자를 발견할 확률은 0이 아니라

$$e^{-\frac{2}{\hbar}\sqrt{2m(V_0-E)}\,a}$$

에 비례한다.

물리군   가모프의 논문에서 4b 아래에 있는 식이 나왔어요[29].

정교수   그렇군.

---

29 가모프는 a대신 l을 사용했고, 논문의 식은 투과파를 나타내므로 논문의 나온 식의 제곱이 투과파를 발견할 확률에 비례한다.

물리군 퍼텐셜 에너지가 일정하지 않은 경우는 어떻게 하죠?

정교수 그러면 퍼텐셜 에너지가 위치에 따라 변하지. 이 경우에 투과 확률은 근사에 의해 구할 수 있어. 이제 이 문제를 해결한 네 명의 과학자를 소개할게. 첫 번째로 소개할 사람은 수학자 제프리스야.

헤럴드 제프리스(Harold Jeffreys, 1891~1989, 영국)

제프리스는 영국 더럼 카운티의 팻필드에서 태어났다. 그의 아버지는 팻필드 교회 학교의 교장이었다. 그는 아버지의 학교와 러더퍼드 기술 대학(Rutherford Technical College)에서 교육받은 후 암스트롱 칼리지(Armstrong College)와 런던 대학(University of London)에서 공부했다. 제프리스는 이후 케임브리지의 세인트존스 칼리지에서 수학을 공부했고 수학 논문으로 1등급 점수를 받았다. 1914년에는 세인트존스 칼리지의 수학 교수가 되었으며, 1915년 권위 있는 스미스 상을 받았다.

1940년에 그는 동료 수학자이자 물리학자인 버사 스월스(Bertha Swirles, 1903~1999)와 결혼하여 《수학물리학 방법(Methods of Mathematical Physics)》를 공동 저술했다.

버사 스월스

1924년 제프리스는 슈뢰딩거 방정식이 나오기도 전에 선형 2차 미분 방정식에 대한 해를 근사하는 일반적인 방법을 개발했다.[30] 슈뢰딩거 방정식은 2년 후에 등장해 벤첼,[31] 크라메르스,[32] 브리유앵[33]이

30 Jeffreys, Harold(1924), "On certain approximate solutions of linear differential equations of the second order", Proceedings of the London Mathematical Society. 23; 428-436.

31 Wentzel, Gregor(1926), "Eine Verallgemeinerung der Quantenbedingungen für die Zwecke der Wellenmechanik", Zeitschrift für Physik, 38 (6-7); 518-529.

32 Kramers, Hendrik A.(1926), "Wellenmechanik und halbzahlige Quantisierung", Zeitschrift für Physik, 39 (10-11); 828-840.

33 Brillouin, Léon(1926), "La mécanique ondulatoire de Schrödinger: une méthode générale de resolution par approximations successives", Comptes Rendus de l'Académie des Sciences, 183; 24-26.

근사해를 구하게 된다

　그다음으로 살펴볼 사람은 그레고어 벤첼이다. 독일 뒤셀도르프에
서 태어난 벤첼은 1916년 프라이부르크 대학에서 수학과 물리학을
공부했다. 1917~18년에 그는 제1차 세계 대전 중에 군대에서 복무했
다. 그 후 프라이부르크에서 학업을 재개하여 1919년 그라이프스발
트 대학에 진학했고, 1920년 뮌헨 루트비히 막시밀리안 대학(LMU)
에 입학하여 좀머펠트(Arnold Sommerfeld) 교수 밑에서 공부했다.
벤첼은 1926년 라이프치히 대학(University of Leipzig) 교수가 되었
다가 1928년 슈뢰딩거(Erwin Schrödinger)의 뒤를 이어 취리히 대
학(University of Zurich)의 이론물리학 교수가 되었고 1948년 미국
시카고 대학의 교수가 되었다.

그레고어 벤첼(Gregor Wentzel, 1898~1978, 독일)

　세상에서 가장 쉬운 과학 수업 핵물리학

또 다른 과학자인 크라메르스는 1894년 네덜란드 로테르담에서 태어났다. 1912년 크라메르스는 로테르담에서 중등교육을 마치고 라이덴 대학에서 수학과 물리학을 공부하여 1916년에 석사 학위를 받았다. 그 후 코펜하겐으로 가서 닐스 보어(Niels Bohr) 밑에서 공부했고 1919년에 박사 학위를 받았다.

크라메르스는 음악을 즐겼고, 첼로와 피아노를 연주할 수 있었다. 그는 보어의 그룹에서 거의 10년 동안 연구했으며, 그 후 코펜하겐 대학의 부교수가 되었다. 1926년에는 네덜란드로 돌아와 위트레흐트 대학의 이론물리학 정교수가 되었다. 1925년 크라메르스는 하이젠베르크(Werner Heisenberg)와 함께 크라메르스-하이젠베르크 분산 공식을 개발했고, 1926년에는 슈뢰딩거 방정식의 근사해를 구하는 방법을 알아냈다.

헨드릭 크라메르스
(Hendrik Kramers, 1894~1952, 네덜란드)

마지막으로 언급할 브리유앵은 프랑스 파리 근교의 세브르에서 태어났다. 그의 아버지 마르셀 브리유앵(Marcel Brillouin), 할아버지 엘뢰테르 마스카(Éleuthère Mascart), 증조부 샤를 브리오(Charles Briot)도 모두 물리학자였다.

레옹 브리유앵(Leon Brillouin, 1889~1969, 프랑스)

1908년부터 1912년까지 브리유앵은 파리의 에콜 노르말 쉬페리외르(École Normale Supérieure)에서 물리학을 공부했다. 1911년부터 1912년 뮌헨 루트비히 막시밀리안 대학(LMU)으로 떠날 때까지 장 페랭 밑에서 공부했다. 1913년 그는 파리 대학에서 공부하기 위해 프랑스로 돌아갔고 1914년부터 1919년까지 제1차 세계 대전 중 군에 복무하여 밸브 증폭기를 개발했다. 전쟁이 끝나자 파리 대학으로 돌아와 1920년에 박사 학위를 받았다. 이때 심사위원은 퀴리 부인, 랑쥬뱅, 페랭이었다. 1926년에 그는 벤첼, 크라메르스와 독립적으로

세상에서 가장 쉬운 과학 수업 핵물리학

슈뢰딩거 방정식의 근사해를 구하는 방법을 알아냈다. 브리유앵은 1932년에 그는 콜레주 드 프랑스(Collège de France) 물리학 연구소의 부소장이 되었다.

물리군 이 네 사람이 슈뢰딩거 방정식의 근사해를 어떻게 구했나요?
정교수 네 사람은 독립적으로 연구했지만 그 결과는 거의 같았어.

다음 그림과 같이 퍼텐셜 에너지가 위치의 함수가 되는 경우를 보자. 즉

$$V = V(x)$$

이다.

이때 에너지 E를 가진 양자를 생각하자. 고전역학적으로 이 양자는 $x = a$에서 반사된다. 하지만 양자역학적으로 $x = a$에서 $x = b$로 양자터널링이 가능하다. 이 양자의 파동함수를 $\psi(x)$라고 하면 슈뢰딩거 방정식은

$$-\frac{\hbar^2}{2m} \psi'' + V(x)\psi = E\psi \qquad (2\text{-}5\text{-}1)$$

이 된다.

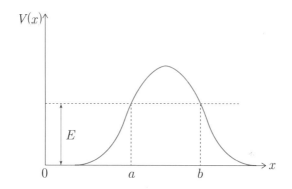

물리군   임의의 $V(x)$에 대해 슈뢰딩거 방정식이 풀리나요?

정교수   그렇지 않아. 이 문제에 대해 벤첼,[34] 크라메르스,[35] 브리유앵은 $\hbar$가 아주 작은 값이라는 데 착안해 슈뢰딩거 방정식의 근사해를 찾으려고 했어.

그들은

$$\psi(x) = Ae^{\frac{1}{\hbar}y(x)} \tag{2-5-2}$$

라고 가정했다. 여기서 A는 상수이다. 이 식을 두 번 미분하면

---

34 Wentzel, Gregor(1926), "Eine Verallgemeinerung der Quantenbedingungen für die Zwecke der Wellenmechanik", Zeitschrift für Physik, 38 (6 – 7); 518 – 529.

35 Kramers, Hendrik A.(1926), "Wellenmechanik und halbzahlige Quantisierung", Zeitschrift für Physik, 39 (10 – 11); 828 – 840.

$$\psi'' = \frac{1}{\hbar}Ay''e^{\frac{1}{\hbar}y(x)} + \frac{1}{\hbar^2}Ay'^2e^{\frac{1}{\hbar}y(x)} \qquad (2\text{-}5\text{-}3)$$

식(2-5-2)와 (2-5-3)을 식 (2-5-1)에 넣으면,

$$-\frac{\hbar}{2m}y'' - \frac{1}{2m}y'^2 + V = E$$

가 된다. $\hbar$가 아주 작은 값이므로 $-\frac{\hbar}{2m}y''$ 역시 아주 작은 값이 된다. 이 작은 값을 무시하면,

$$-\frac{1}{2m}y'^2 + V = E$$

또는

$$y' = \pm\sqrt{2m(V(x) - E)}$$

라고 쓸 수 있다. 이를 풀면

$$y = \pm\int^x \sqrt{2m(V(x) - E)}\,dx + C$$

가 된다. 그런데 앞에서 양자터널링의 경우 음의 지수를 가지는 것을 알고 있으므로 우리는 두 부호 중 음의 부호를 택한다. 즉

$$y = -\int^x \sqrt{2m(V(x) - E)}\,dx + C$$

그러므로 $x = b$에서 양자를 발견할 확률은

$$\left|\psi(b)\right|^2 = e^{-\frac{2}{\hbar}\left[\int^b \sqrt{2m(V-E)}\,dx + C\right]}$$

이고, $x = a$에서 양자를 발견할 확률은

$$\left|\psi(a)\right|^2 = e^{-\frac{2}{\hbar}\left[\int^a \sqrt{2m(V-E)}\,dx + C\right]}$$

이다. 그러므로 양자터널링을 통한 투과 확률을 T라고 하면

$$T = \frac{\left|\psi(b)\right|^2}{\left|\psi(a)\right|^2} = e^{-\frac{2}{\hbar}\left[\int_a^b \sqrt{2m(V-E)}\,dx\right]} \qquad (2\text{-}5\text{-}4)$$

로 주어진다.

알파붕괴 이론 _ 알파입자가 밖으로 투과된다

물리군 알파붕괴 이론도 양자터널링 효과인가요?

정교수 물론이야. 고전역학으로는 알파입자가 핵 밖으로 탈출하는 게 불가능해.

가모프는 알파입자가 핵 밖으로 탈출하기 전에는 일정한 결합에너지의 영향으로 핵 안에 갇혀 있다고 생각했다. 그는 알파입자가 핵 안

세상에서 가장 쉬운 과학 수업 핵물리학

에 있을 때 받은 퍼텐셜 에너지가 일정하고 인력이므로 음수라고 생각했다. 알파입자가 핵 안에 있을 때의 퍼텐셜 에너지를

$$-V_0$$

라고 놓자. 여기서 $V_0 > 0$이다.

물리군 알파입자가 핵 밖으로 튀어나오면 퍼텐셜 에너지가 변하겠군요.

정교수 맞아. 그때는 알파입자도 양의 전기를 띠고 있고 남아 있는 핵 속의 양성자도 양의 전기를 띠고 있으므로 서로를 밀치는 전기력이 생기지.

알파입자는 양성자가 2개이므로 남아 있는 핵의 양성자 수를 Z라고 하면 알파입자와 원자핵 사이의 전기력에 의한 퍼텐셜 에너지는

$$V = \frac{2Ze^2}{r}$$

이다. [36] 여기서 e는 전자의 전하량이고 r은 핵의 중심으로부터의 거리이다.

---

36 CGS 단위계를 사용했다. 이 경우의 전자기학에 대해서는 『특수상대성이론』(정완상, 성림원 북스)을 참고할 것.

그러므로 원자핵의 반지름을 R이라고 하면 퍼텐셜 에너지는

$$V = \begin{cases} -V_0 & (r < R) \\ \dfrac{2Ze^2}{r} & (r > R) \end{cases}$$

이 된다. 이것을 그림으로 그리면 다음과 같다.

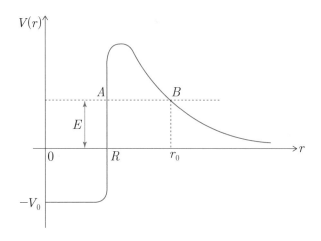

물리군 알파입자가 $r = R$에서 $r = r_0$까지 양자터널링을 하는군요.

정교수 맞아. 가모프는 벤첼−크라메르스−브리유앵의 공식을 이 퍼텐셜 에너지에 적용했어. 알파붕괴란 알파입자가 양자터널링을 해서 밖으로 투과되는 과정이므로 알파붕괴 확률은 투과 확률이 되지. 그러니까 알파붕괴 확률은

$$T = e^{-\frac{2}{\hbar}\left[\int_R^{r_0}\sqrt{2m(V-E)}\,dr\right]} = e^{-\frac{2}{\hbar}\left[\int_R^{r_0}\sqrt{2m\left(\frac{2Ze^2}{r}-E\right)}\,dr\right]}$$

이 돼.

물리군 r_0는 어떻게 구하죠?

정교수   퍼텐셜 에너지가 알파입자의 에너지 E와 같을 때를 찾으면 돼. 즉,

$$E = \frac{2Ze^2}{r_0}$$

가 되지.

이제 다음과 같이 놓자.

$$I = \int_R^{r_0}\sqrt{\frac{1}{r}-\frac{1}{r_0}}\,dr = \int_R^{r_0}\frac{1}{\sqrt{r}}\sqrt{1-\frac{r}{r_0}}\,dr$$

여기서

$$\frac{r}{r_0} = \cos^2\xi$$

라고 치환하면,

$$dr = -2r_0\cos\xi\sin\xi$$

이 된다 이제

$r = r_0$일 때의 ξ를 ξ_1이라고 하면

$$1 = \cos^2 \xi_1$$

이므로

$$\xi_1 = 0$$

이다. $r = R$일 때의 ξ를 ξ_2이라고 하면

$$\frac{R}{r_0} = \cos^2 \xi_2$$

$$\cos \xi_2 = \sqrt{\frac{R}{r_0}}$$

이 된다. 그러므로

$$\xi_2 = \cos^{-1}\left(\frac{R}{r_0}\right)$$

이다. 여기서 $\cos^{-1} x$는 $\cos x$의 역함수이다. 예를 들어,

$$\cos \frac{\pi}{3} = \frac{1}{2}$$

이면

세상에서 가장 쉬운 과학 수업 핵물리학

$$\cos^{-1}\left(\frac{1}{2}\right) = \frac{\pi}{3}$$

이 된다. 그러므로

$$I = -2\sqrt{r_0}\int_{\xi_2}^{0}\sin^2\xi\, d\xi$$

$$= -2\sqrt{r_0}\int_{\xi_2}^{0}\left(\frac{1-\cos^2\xi}{2}\right)d\xi$$

$$= -\sqrt{r_0}\int_{\xi_2}^{0}\left(1-\cos^2\xi\right)d\xi$$

$$= -\sqrt{r_0}\left[\xi - \frac{1}{2}\sin^2\xi\right]_{\xi_2}^{0}$$

$$= \sqrt{r_0}\left[\xi_2 - \sin\xi_2\cos\xi_2\right]$$

$$= \sqrt{r_0}\left[\cos^{-1}\left(\frac{R}{r_0}\right) - \sqrt{\frac{R}{r_0}}\sqrt{1-\frac{R}{r_0}}\right]$$

이 된다.

아주 작은 a에 대해,

$$\cos^{-1}a \approx \frac{\pi}{2} - a$$

이므로, r_0가 R에 비해 큰 경우를 생각하면

$$I - \sqrt{r_0}\left(\frac{\pi}{2} - 2\sqrt{\frac{R}{r_0}}\right)$$

이 된다. 따라서 알파붕괴 확률은

$$T = e^{-\frac{4\sqrt{2m}Ze^2}{\hbar\sqrt{E}}\left[\frac{\pi}{2} - 2\sqrt{\frac{RE}{2Ze^2}}\right]}$$

이 된다.

이제 알파붕괴의 수명을 구해보자. 알파입자의 에너지를 E라고 하면 이 입자의 속도 v는

$$E = \frac{1}{2}mv^2$$

이고 알파입자는 지름이 $2R$인 공 모양의 원자핵 속에 있다고 가정하자. 이때 알파입자가 한 번 충돌 후 다시 구의 중심으로 갔다가 다시 구의 벽으로 간 거리는

$2R$

이므로 한 번 충돌에 걸린 시간 $\ t = \frac{2R}{v}$

이다. 그러므로

1초 동안 충돌횟수 $\ = \frac{v}{2R}$

이 되고,

$$(1\text{초당 벽을 통과할 확률}) = \frac{v}{2R} \times (\text{투과 확률})$$
$$= \frac{v}{2R} T$$

이다. 알파붕괴의 수명을 τ라고 하면 이 수명 동안 모든 알파입자가 벽 밖으로 튀어나가므로

$$\tau : 1 = 1\text{초} : (\text{1초당 벽을 통과할 확률})$$

$$\tau = \frac{1}{\dfrac{vT}{2R}} = \frac{2R}{vT}$$

$$= 2R\sqrt{\frac{m}{2E}}\, e^{\frac{4\sqrt{2m}Ze^2}{\hbar\sqrt{E}}\left[\frac{\pi}{2} - 2\sqrt{\frac{RE}{2Ze^2}}\right]}$$

$$= 2R\sqrt{\frac{m}{2E}}\, e^{\frac{2\pi\sqrt{2m}Ze^2}{\hbar\sqrt{E}} - 8\frac{\sqrt{mZe^2R}}{\hbar}}$$

이 된다.

세 번째 만남

·

베타붕괴

베타붕괴의 발견 _ 중성자가 양성자로 바뀌면 일어나는 일

정교수 이제 베타붕괴에 대한 역사를 살펴볼 거야. 베타붕괴는 어떤 원소가 베타 방사선을 방출하고 다른 원소로 바뀌는 걸 말해.

물리군 베타 방사선은 베타입자들의 흐름이죠?

정교수 맞아. 1900년 앙리 베크렐이 베타입자가 음의 전기를 띤다는 것을 알아냈고, 톰슨의 전자발견 실험 방법을 써서 베타입자의 질량과 전하량의 비를 알아냈어. 그리고 이 비가 전자의 질량과 전하량의 비와 같다는 것을 알아냈지. 즉, 베타입자가 전자라는 것을 알아낸 거야.

1913년 프레더릭 소디와 카지미에시 파얀스는 어떤 원소가 베타 방사선을 방출하면 원자번호가 1 증가한 새로운 원소로 바뀐다는 것을 알아냈다. 이것을 반응식으로 쓰면 다음과 같다.

(베타붕괴) $_Z^A X \longrightarrow \, _{Z+1}^A Y + e$

물리학자들은 베타붕괴를 이용해 우라늄보다 무거운 새로운 원소들을 발견했다. 이때 베타붕괴 과정에서 믿어지지 않는 현상이 여러 물리학자에 의해 발견되었다. 1911년 오토 한과 리제 마이트너, 1913년 장 다니스(Jean Danysz),[37] 1914년 제임스 채드윅(James Chadwick)[38]

---

37 Danysz. J., Recherches expérimentales sur les β rayons de la famille du radium Ann, Chim. Phys., 30 (1913); 241 – 320.

38 Chadwick, J.(1914), "Intensitätsverteilung im magnetischen Spektren der β–Strahlen von Radium B + C", Verhandlungen der Deutschen Physikalischen Gesellschaft 16, 383 – 391.

세상에서 가장 쉬운 과학 수업 핵물리학

이 베타붕괴 과정에서 방출되는 베타입자의 운동에너지가 연속적이라는 것을 알아냈다.

물리군 베타입자의 운동에너지가 연속적이면 문제가 되나요?

정교수 베타입자의 운동에너지가 연속적이라면 베타입자가 여러 가지 운동에너지값을 가질 수 있다는 거잖아? 이것은 베타붕괴 과정에서 붕괴 전과 후에 에너지가 보존되지 않는다는 것을 의미해.

물리군 에너지 보존 법칙이 깨질 수는 없잖아요?

정교수 이 실험은 영국의 엘리스와 우스터(William Alfred Wooster, 1903~1984)에 의해 더 정교하게 이루어졌어.[39]

찰스 드러먼드 엘리스(Charles Drummond Ellis, 1895~1980, 영국)

---

39 Ellis, C. D.; Wooster, W. A.(1927), "The Continuous Spectrum of β−Rays", Nature, 119 (2998); 563 − 564.

엘리스는 영국 햄스테드에서 태어났다. 그의 아버지는 메트로폴리탄 철도의 총지배인인 아브라함 찰스 엘리스(Abraham Charles Ellis)였다. 그는 해로 스쿨(Harrow School)에서 장학금을 받았고, 학업과 스포츠 분야에서 두각을 나타냈다. 1913년, 그는 왕립 육군 사관학교의 생도가 되었다.

엘리스가 1914년 여름에 독일에서 휴가를 보내고 있을 때 제1차 세계대전이 발발했다. 모든 영국 국적자들은 체포되어 베를린 외곽에 있는 뤼흘레벤 수용소로 보내졌다. 억류 기간 동안 엘리스는 공부하는 데 시간을 잘 활용했다. 수용소에 수감된 또 다른 사람은 채드윅이었는데, 그는 나중에 중성자 발견에 대한 공로를 인정받아 노벨상을 받았다. 채드윅과 엘리스는 함께 수용소의 마구간 중 한 곳에 실험실을 만들어 과학 실험을 했다.

전쟁이 끝난 후, 엘리스는 군 생활을 그만두고 케임브리지의 트리니티 칼리지에 입학하여 과학을 공부했다. 1920년 졸업 후 그는 케임브리지의 캐번디시 연구소에서 엘리스는 베타선과 감마선을 연구했다. 1921년 엘리스는 트리니티 대학의 조교수로 임명되었다.

1920년부터 1927년까지 엘리스는 베타붕괴에서 방출되는 전자의 에너지를 측정했다. 물론 이 과정에서도 베타입자의 운동에너지가 연속적임이 드러났다. 이 문제에 대해 엘리스는 다음과 같이 말했다.

방출되는 베타입자가 일정한 에너지를 갖지 않는 이유를 생각해보았습니다. 베타입자가 원자핵에서 방출되는 순간에는 일정한 에너지

세상에서 가장 쉬운 과학 수업 핵물리학

를 갖지만 이 입자가 측정기에 도달될 때까지 공기 속의 분자들과 충돌하면서 에너지를 잃어 여러 가지 에너지가 관측되는 것이 아닌가 생각합니다.

― 엘리스

1933년 엘리스와 모트(Nevill Mott)는 새로운 실험을 통해 방출되는 베타입자의 운동에너지에 최댓값이 존재한다는 것을 알아냈다.[40]

예를 들어 원자번호 83번 비스무트는 베타붕괴 후 원자번호 84번 폴로늄이 되는데, 이것을 식으로 쓰면 다음과 같다.

$$^{210}_{83}\text{Bi} \longrightarrow {}^{210}_{84}\text{Po} + e$$

이때 베타입자의 운동에너지와 베타방사능의 세기를 그래프로 나타내면 다음 그림과 같다.

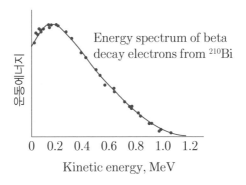

40 C. D. Ellis, N. F. Mott, Proc. Roy. Soc. (London), A 141, 502 (1933).

물리군　그렇다면 소디-파얀스의 법칙에 뭔가 빠진 것이 있나요?

정교수　맞아. 이 문제를 파고든 과학자는 스위스의 물리학자 파울리 (Wolfgang Pauli, 1900~1958)야.

　　1930년 파울리는 어떤 경우에도 에너지 보존법칙을 깨질 수 없으므로 엘리스의 실험 결과는 연속적인 에너지를 갖는, 아직 발견되지 않은 입자에 의한 결과라고 주장했다. 파울리는 이 입자가 전기를 띠지 않고 0에 가까울 정도로 아주 작은 질량을 가졌다고 생각하고 이 입자의 이름을 '뉴트론(neutron)'이라고 불렀다. 이듬해인 1931년 이탈리아의 페르미(Enrico Fermi, 1901~1954)는 이 입자에 뉴트론이라는 이름 대신 '뉴트리노(neutrino)'라는 이름을 붙였다. 파울리가 사용한 뉴트론이라는 이름은 1932년 채드윅이 핵 속에 전기적으로 중성이며 질량이 양성자와 거의 비슷한 입자에 붙여졌다. 뉴트론은 우리 말로 '중성자'로 번역된다.

　　중성자의 발견으로 베타붕괴 과정은 중성자가 양성자로 바뀌면서 전자가 튀어나오는 반응이라는 것이 밝혀졌다.

$$n \longrightarrow p + e + \overline{\nu_e} \qquad\qquad (3\text{-}1\text{-}1)$$

물리군　그래서 양성자가 하나 늘어나서 원자번호가 하나 늘어나는군요. 그런데 $\overline{\nu_e}$는 뭐죠?

정교수　파울리가 예언한 '반뉴트리노'야.

물리군　파울리가 예언한 건 뉴트리노이잖아요?

정교수 반뉴트리노는 뉴트리노의 반입자야.

물리군 왜 뉴트리노가 아니라 반뉴트리노가 나타나죠?

정교수 그건 조금 뒤에 설명해줄게. 베타붕괴는 양성자가 늘어나는 경우뿐만 아니라 양성자가 하나 줄어드는 경우도 있어.

물리군 어떤 경우죠?

정교수 마그네슘–23이 나트륨–23으로 바뀌는 경우야.

$$^{23}_{12}\text{Mg} \longrightarrow \,^{23}_{11}\text{Na} + e^+ + \nu_e$$

여기서 ν_e는 뉴트리노야. 이것은 양성자가 중성자로 변하기 때문이야. 즉,

$$p \longrightarrow n + e^+ + \nu_e \qquad\qquad (3\text{-}1\text{-}2)$$

가 되지.

물리군 이번에는 양전자와 뉴트리노가 나오는군요.

정교수 맞아. 식(3-1-1)의 반응을 베타(−)붕괴라고 하고, 식(3-1-2)의 반응을 베타(+)붕괴라고 불러. 뉴트리노는 처음 베타(+)붕괴에서 발견되었어. 그래서 베타(+)붕괴에서 나오는 파울리의 예언 입자를 뉴트리노라고 부른 거야.

정교수 또 다른 베타붕괴가 있어.

물리군 그건 뭐죠?

정교수 전자 포획이라는 반응이야. 이 반응은 미국의 물리학자 앨버레즈가 처음 발견했어.

루이스 앨버레즈(Luis Walter Alvarez, 1911~1988, 미국, 1968년 노벨 물리학상 수상)

앨버레즈는 1911년 미국 샌프란시스코에서 태어났다. 1918년부터 1924년까지 샌프란시스코의 매디슨 학교에 다녔고, 그 후 샌프란시스코 폴리테크닉 고등학교에 다녔다. 시카고 대학에 진학해서는 1932년에 학사 학위, 1934년에 석사 학위, 1936년에 박사 학위를 받았다.

1932년 시카고 대학원생 시절, 우주선 망원경으로 배열된 가이거 계수관 장치를 구축했고 지도교수인 컴프턴(Arthur Compton)의 지도 아래 우주에서 오는 방사선 연구를 했다. 이후 전자 포획에 관한 일련의 실험을 수행했다.[41]

---

41 Alvarez, Luis W.(1937), "Electron Capture and Internal Conversion in Gallium 67", Physical Review, 53 (7); 606.

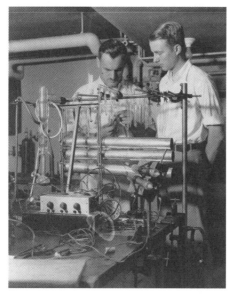

사진 왼쪽이 컴프턴, 오른쪽은 앨버레즈

물리군 전자포획은 어떤 과정으로 일어나죠?

정교수 전자포획은 전자를 흡수해 다른 핵종으로 변하는 과정을 말하는데 다음과 같은 반응이 전자포획 과정이다.

$$^{26}_{13}\text{Al} + \text{e} \longrightarrow {}^{26}_{12}\text{Mg} + \nu_e$$

이것은

$$p + e \longrightarrow n + \nu_e$$

과 같다.

물리군   베타(+)붕괴 과정에서 e^+가 좌변으로 이항해 e가 된 모습이군요.

정교수   재미있는 발견이지.

물리군 ν_e에서 e는 전자와 관련 있나요?

정교수   맞아. 베타붕괴에서 나오는 뉴트리노나 반뉴트리노는 전자나 양전자와 쌍으로 나타나는데, 이 과정에서 나타나는 뉴트리노를 '전자뉴트리노'라고 불러.

물리군   그렇다면 다른 종류의 뉴트리노도 있겠군요.

정교수   물론. 뮤온과 관련된 뉴트리노를 '뮤온뉴트리노'라고 불러. 뮤온은 μ라고 쓰고 뮤온의 반입자를 μ^+라고 쓰며, 뮤온뉴트리노는 ν_μ, 반뮤온뉴트리노는 $\overline{\nu_\mu}$라고 쓰지.

물리군   뮤온의 전하량은 얼마죠?

정교수   뮤온의 전하량은 전자와 같아. 그러니까 반뮤온의 전하량은 양전자와 같지.

물리군   뮤온의 질량은 얼마죠?

정교수   전자의 질량의 약 207배 정도야.

물리군   꽤 무겁군요.

정교수   뮤온은 발견하기가 힘들어.

물리군   그건 왜죠?

정교수   수명이 너무 짧기 때문이야.

물리군   수명이 있어요?

정교수   뮤온의 수명은 2.1969811×10^{-6}(초)가 돼. 이 시간이 지나면

뮤온은 전자로 바뀌거든. 이것을 '뮤온 붕괴'라고 부르는데, 식으로
나타내면 다음과 같아.

$$\mu \longrightarrow e + \overline{\nu_e} + \nu_\mu$$

$$\mu^+ \longrightarrow e^+ + \nu_e + \overline{\nu_\mu}$$

물리군 뮤온은 전자로 반뮤온은 양전자로 붕괴하는군요.

정교수 맞아. 전자와 뮤온과 뉴트리노처럼 작은 입자를 '렙톤
(lepton)'이라고 불러. 그리스어로 '작다'는 뜻을 나타내는 단어지.

물리군 또 다른 경입자가 있나요?

정교수 물론. 1975년에 미국의 펄이 발견한 타우입자이지.

마틴 펄(Martin Lewis Perl, 1927~2014, 미국,
1995년 노벨 물리학상 수상)

타우입자는 τ 라고 쓰고 반타우입자는 τ^+ 라고 쓴다. 타우입자의 전
하량은 전자의 전하량과 같고 반타우입자의 전하량은 양전자의 전하

량과 같다 타우입자의 질량은 전자의 질량의 약 3,477배이다. 타우
입자의 수명은 뮤온보다 짧은 2.903×10^{-13}(초) 정도이다.

물리군 타우입자와 관련된 뉴트리노도 있겠네요.

정교수 그것을 '타우뉴트리노'라고 부르고 ν_τ라고 써. '반타우뉴트리
노'는 $\overline{\nu_\tau}$ 가 되지.

체렌코프 효과 _ 세 명의 과학자가 빚어낸 아름다운 하모니

정교수 뉴트리노의 발견 과정을 이해하려면 먼저 체렌코프 효과에
대해 알 필요가 있어.

파벨 체렌코프(Pavel Alekseyevich Cherenkov, 1904~
1990, 러시아, 1958년 노벨 물리학상 수상)

세상에서 가장 쉬운 과학 수업 핵물리학

체렌코프는 1904년 러시아의 노바야 치글라(Novaya Chigla)라는 작은 마을에서 소작농의 아들로 태어났다. 1928년에 그는 보로네시 주립대학 물리학과와 수학과를 졸업했다. 1930년에는 레베데프 물리학 연구소(Lebedev Physical Institute)의 선임 연구원으로 자리를 잡고 1940년 물리—수리 과학 박사 학위를 받았다. 1953년에 그는 실험물리학 교수가 되었고, 1959년부터 연구소의 실험실을 이끌었다.

레베데프 물리학 연구소

1934년 어느 날, 체렌코프는 방사선 실험을 하던 중 실험실 물병에 방사선이 쪼이면서 물병에서 청색 빛이 방출되는 현상을 관찰했다. 체렌코프 이전에 과학자들은 방사선이 액체를 통과할 때 희미하게 방출되는 푸른빛이 나오는 것을 알고 있었다. 과학자들은 이 현상을 단순한 형광 현상으로 여겼다. 하지만 체렌코프는 이 빛이 형광에 의한 빛이 아닐지도 모른다는 생각을 품었다. 체렌코프는 실험을 계속

한 결과, 그것이 물속에서의 빛보다 빠르게 움직이는 전기를 띤 입자로부터 복사되는 빛이라는 사실을 발견했다. 이 복사를 '체렌코프 복사'라고 부르고 이 빛을 '체렌코프 광', 이 현상을 '체렌코프 효과'라고 부른다.

물리군 어떻게 빛의 속도보다 빨라지죠?

정교수 빛은 물질 속에서 속도가 느려져. 진공 속에서 빛은 초속 30만km가 되고, 이 속도보다 큰 속도로 움직일 수는 없어. 하지만 빛이 물과 같은 매질 속에 들어가면 빛의 속도가 작아지지. 물속에서 빛의 속도는 진공에서의 빛의 속도의 0.7배 정도야. 그러니까 물과 같은 매질 속에서는 에너지가 큰 입자가 매질 속에서의 빛의 속도보다 빠르게 이동하는 것이 가능해지지. 이때 매질 속에서 빛의 속도보다 빨리 움직이던 입자는 푸른빛을 방출하며 에너지를 잃으면서 속도가 줄어드는데 이것이 바로 체렌코프 효과야.

물리군 그렇군요.

정교수 체렌코프 효과는 입자의 에너지가 큰 경우에 일어나. 원자로나 사용한 핵연료 저장 수조처럼 방사능이 센 물속을 보면 푸른 빛의 체렌코프 광이 나타나. 이것은 방사능 물질에서 나오는 고속의 전자가 물속에서의 빛의 속도보다 빠르게 이동하며 물 분자와 충돌하기 때문이야.

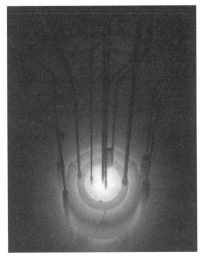

원자로 속의 체렌코프 광

방사선 치료를 받는 환자 중 일부는 눈앞에서 번쩍이는 빛을 보게 되는데, 이것도 체렌코프 광이야. 체렌코프 효과는 음의 전기를 띤 반양성자를 발견하는 데도 결정적인 역할을 했어.

물리군 체렌코프 효과로 노벨 물리학상을 받은 사람은 세 명이네요. 나머지 두 사람이 한 일은 뭐죠?

정교수 두 사람은 탐과 프랑크야. 먼저 탐에 대해 알아보자.

이고리 탐(Igor Yevgenyevich Tamm, 1895~1971, 러시아, 1958년 노벨 물리학상 수상)

이고리 탐은 1895년 블라디보스토

크에서 태어났다. 그의 아버지는 토목기사였다. 그는 엘리자베트그라드(현재 우크라이나 크로피브니츠키)에서 중·고등학교 과정을 공부했고 그 후 에든버러 대학에서 공부했다.

1914년 제1차 세계대전이 발발하자 탐은 자원해서 야전 의무병으로 입대하였다. 1917년 그는 혁명 운동에 가담하여 적극적인 반전 운동가가 되었고, 3월 혁명 이후 혁명위원회에서 활동했다. 1923년 탐은 모스크바 국립대학에서 물리학을 가르치기 시작했다. 같은 해에 그는 첫 번째 논문인 특수상대성이론에서 이방성 매체의 전기역학을 완성했다.

1934년부터 1971년 사망할 때까지 탐은 모스크바의 레베데프 물리학 연구소의 이론 부서장을 지냈다. 1934년에 탐은 양성자-중성자 상호작용이 아직 알려지지 않은 거대한 입자에 의해 전달되는 교환력으로 설명될 수 있다는 아이디어를 냈다. 이 아이디어는 훗날 일본 유카와의 핵력 이론에 큰 영향을 주었다.

1940년대 후반부터 1950년대 초반까지 탐은 소련의 열핵폭탄 프로젝트에 참여했다. 1949년에서 1953년 사이, 그는 수소폭탄을 개발하는 이론 그룹의 수장으로 일했다. 1953년 수소폭탄 실험에 성공을 거둔 후 탐은 프로젝트에서 은퇴하고 모스크바 레베데프 물리학 연구소로 돌아갔다.

이번에는 프란크에 대해 알아보자.

일리야 프란크(Ilya Mikhailovich Frank, 1908~1990, 러시아, 1958년 노벨 물리학상 수상)

    일리야 프란크는 1908년 러시아 상트페테르부르크에서 태어났다. 그의 아버지 미하일 류드비고비치 프란크는 유대인 집안 출신의 재능 있는 수학자였고, 어머니 옐리자베타 미하일로브나 그라치아노바는 러시아 정교회 의사였다. 그의 아버지는 학생 혁명 운동에 참여했고, 그 결과 모스크바 대학에서 퇴학당했다가 10월 혁명 이후 복직되어 교수로 임명되었다.

    일리야 프란크는 모스크바 국립대학에서 수학과 이론물리학을 공부했다. 2학년 때부터 그는 세르게이 이바노비치 바빌로프(Sergey Ivanovich Vavilov)의 연구실에서 일했다. 1930년 대학을 졸업한 후 그는 바빌로프의 추천으로 레닌그라드의 국립 광학 연구소에서 일하기 시작했다. 그곳에서 바빌로프와 함께 발광에 관한 첫 번째 논문을 발표했다.

1934년, 프란크는 소련 과학 아카데미의 물리 및 수학 연구소로 자리를 옮겨 연구를 계속했다. 여기서 새로운 분야인 핵물리학을 연구하기 시작했으며, 체렌코프가 발견한 체렌코프 효과에 관심을 두게되었다.

체렌코프 효과에 대한 실험적인 내용들은 모두 체렌코프에 의해발견되었다. 하지만 왜 체렌코프 효과가 일어나는지에 대해 체렌코프는 알지 못했다. 그는 이 문제를 이론물리학자인 탐 그리고 프란크와 논의했고 두 사람은 체렌코프 효과를 이론적으로 완전하게 설명했다. 따라서 1958년의 노벨 물리학상은 러시아의 세 과학자에게 동시에 수여되었다.

물리군　실험물리학과 이론물리학의 완전한 조화군요.
정교수　그런 셈이지.

뉴트리노의 발견 _ 뉴트리노로 노벨상을 거머쥔 과학자들

정교수　이제 뉴트리노를 발견한 물리학자 라이너스와 카원의 이야기를 해볼게.

프레더릭 라이너스(Frederick Reines 1918~1998, 미국 1995년 노벨 물리학상 수상)

라이너스는 미국 뉴저지주 패터슨(Paterson)에서 태어났다. 그의 부모는 러시아의 같은 마을에서 온 유대인 이민자였지만 나중에 뉴욕에서 만나 결혼했다. 라이너스의 아버지는 잡화점을 운영했으며, 가족들은 아버지를 따라 뉴욕주 힐번으로 이사했고 라이너스는 어린 시절을 대부분 뉴욕에서 보냈다. 노래하기를 좋아했던 라이너스는 어릴 때부터 합창단 단원으로 활동했다. 뉴저지주 유니언 힐(현재 유니온시티)에 있는 유니언 힐 고등학교에 다녔으며, 과학에 관심이 많아 무언가를 만드는 것을 좋아했다. 그는 나중에 이렇게 회상했다.

내가 기억하는 과학에 대한 첫 번째 관심은 학교생활이 지루할 때 생겼습니다. 망원경을 시뮬레이트하기 위해 황혼 녘에 창밖을 내다보았을 때 나는 빛에 대해 특이한 것을 발견했습니다. 그것은 회절 현상이었습니다. 그때 나에게 빛에 대한 매혹이 시작됐습니다.

– 라이너스

라이너스는 매사추세츠 공과대학(MIT)에 합격했지만 대신 뉴저지주 호보컨(Hoboken)에 있는 스티븐스 공과대학(Stevens Institute of Technology)에 입학한다. 1939년에 그곳에서 기계공학을 전공하고 1939년 졸업했으며, 1941년에는 수리물리학 석사 학위를 받았다. 그 후 뉴욕 대학에 입학해 1944년 박사 학위를 받았다. 그곳에서 라이너스는 우주선 및 핵분열과 핵의 물방울 모델에 관해 연구했다. 1944년에는 파인만과 함께 맨해튼 프로젝트에 참여해 여러 핵 실험에 참여했다.

1966년 라이너스는 뉴트리노 연구팀의 대부분을 데리고 캘리포니아 주립대학 어바인 캠퍼스(UCI)로 자리를 옮겨 이 학교의 첫 번째 물리학과장이 되었다. UCI에서 라이너스는 의료용 방사선 검출기를 개발했다.

물리군 라이너스는 어떻게 뉴트리노를 발견했나요?

정교수 1951년 라이너스는 그의 동료인 카원과 뉴트리노의 존재를 증명하는 실험을 고안하기 시작했어.

라이너스와 카원은 뉴트리노와 양성자가 만나 중성자와 양전자를 만드는 베타(+)붕괴에 관심을 가졌다. 이렇게 발생한 양전자는 곧 전자에 의해

클라이드 카원 주니어(Clyde Lorrain Cowan Jr., 1919~1974, 미국)

세상에서 가장 쉬운 과학 수업 핵물리학

소멸되어 감마선을 생성한다. 두 사람은 방출되는 감마선을 측정한다면 뉴트리노의 발생을 증명할 수 있다고 여겼다. 두 사람은 뉴트리노의 발생원으로 원자로를 사용했다.

라이너스와 카원이 사용한 원자로

뉴트리노는 다른 물질과 상호작용을 잘 하지 않고 전기를 띠고 있지 않아서 발견하기가 매우 어려웠다. 원자로 속에는 물이 채워져 있는데, 뉴트리노와 양성자가 만나 발생하는 감마선이 체렌코프 효과를 일으켜 푸른 빛이 나오게 된다. 이 빛을 포착해 뉴트리노가 물이 채워진 원자로 속을 통과했다는 것을 알 수 있다.

라이너스와 카원은 뉴트리노를 검출하는 데 방해가 되는 우주선으로부터 피하려고 지하 12m 아래에 실험 장치를 만들었다. 1953년에 라이너스와 카원은 핸퍼드(Hanford) 대형 원자로를 사용하여 첫 번째 시도를 했지만 뉴트리노를 찾는 데 실패했다. 두 사람은 1955년부터 다시 뉴트리노를 찾는 일에 매달렸다. 그리고 1956년 6월 14일, 그들은 뉴트리노를 발견했고 이 소식을 파울리에게 전보로 보냈다.

사진 왼쪽이 라이너스, 오른쪽이 카원

이때 라이너스와 카원이 발견한 뉴트리노는 전자뉴트리노였다. 전자뉴트리노의 발견으로 라이너스는 1995년 노벨 물리학상을 거머쥐었다.

물리군   카원은 왜 노벨상을 받지 못했죠?

정교수   죽은 사람에게는 노벨상을 수여하지 않는다는 원칙 때문에 카원에게는 노벨상이 수여되지 않았어.

물리군   안타까운 일이군요. 뮤온뉴트리노도 발견되었나요?

정교수   물론이야. 뮤온뉴트리노는 1962년 세 명의 미국 과학자 레더먼, 슈워츠, 스타인버거가 발견했어.

세상에서 가장 쉬운 과학 수업 핵물리학

리언 레더먼(Leon Max Lederman, 1922~2018, 미국, 1988년 노벨 물리학상 수상)

멜빈 슈워츠(Melvin Schwartz, 1932~2006, 미국, 1988 년 노벨 물리학상 수상)

잭 스타인버거(Jack Steinberger, 1921~2020, 독일-미국, 1988년 노벨 물리학상 수상)

물리군 타우뉴트리노도 발견되었나요?

정교수 물론. 2000년 미국 페르미 국립 가속기 연구소(Fermilab)의 DONUT(Direct observation of the nu tau) 실험에 의해 발견되었어.

물리군 세 종류의 뉴트리노가 모두 발견되었군요.

정교수 이제 과학자들은 우주로 눈을 돌렸어.

물리군 뉴트리노와 우주와 무슨 관계가 있죠?

정교수 별 속에서는 핵반응이 항상 일어나고 있어. 가벼운 핵이 달라붙어서 무거운 핵을 만드는 핵융합 반응이지. 별은 처음에 수소로만 이루어져 있다가 수소핵 두 개가 융합하지. 수소핵은 양성자이니까 이렇게 달라붙으면 양성자 두 개가 돼. 그런데 두 양성자 중 하나가 베타붕괴를 일으켜 중성자로 바뀌게 되지.

물리군 양성자 한 개와 중성자 한 개로 이루어진 중수소핵이 만들어지는군요.

정교수 맞아. 베타붕괴 과정에서는 뉴트리노가 방출되니까 태양에서는 엄청나게 많은 뉴트리노가 만들어지게 되지. 이렇게 태양에서 만들어지는 뉴트리노를 '솔라뉴트리노(solar neutrino)'라고 불러. 뉴트리노는 또한 초신성 폭발 과정에서도 방출돼.

UCI에서 라이너스는 초신성 폭발을 관측한다면 그 과정에서 지구로 쏟아져 오는 뉴트리노를 관측할 수 있다고 생각했다. 초신성 폭발은 태양보다 훨씬 무거운 별이 중력수축으로 붕괴하면서 성간물질들이 우주로 흩날려지는 현상이다.

세상에서 가장 쉬운 과학 수업 핵물리학

초신성 폭발

　라이너스는 미국 클리블랜드 근처의 소금 광산에 뉴트리노를 감지할 수 있는 관측소를 세웠고 1987년 초신성 SN1987A에서 방출된 뉴트리노를 관측할 수 있었다.

물리군　솔라 뉴트리노는 발견되었나요?

정교수　물론이야. 솔라뉴트리노는 일본의 고시바와 미국의 데이비스가 발견했지.

고시바 마사토시(Masatoshi Koshiba, 小柴昌俊, 1926~2020, 일본, 2002년 노벨 물리학상 수상)

레이먼드 데이비스(Raymond Davis Jr., 1914~2006, 미국 2002년 노벨 물리학상 수상)

　일본은 1980년대에 태양에서 방출되는 뉴트리노를 관측할 준비를 했다. 일본 도쿄대학은 폐광인 가미오카 광산의 지하에 뉴트리노를 관측할 수 있는 가미오카 관측소를 지었다. 이곳의 지하에는 어마어마한 양의 물을 저장해 뉴트리노가 이곳을 지나가면서 발생시키는 체레코프광을 측정할 수 있었다

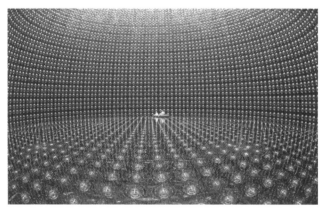

가미오카 관측소

　　　　　　　　　　세상에서 가장 쉬운 과학 수업 핵물리학

일본의 고시바는 가미오카 관측소에서 태양으로부터 오는 솔라뉴트리노를 검출하는 데 성공했다. 비슷한 시기에 미국의 데이비스도 솔라뉴트리노를 검출했고 두 사람은 솔라뉴트리노의 검출로 2002년 노벨 물리학상을 공동 수상했다.

가미오카 관측소의 지하 실험실로 들어가는 고시바

가미오카 관측소는 일본에 또 한 명의 노벨 물리학상 수상자를 만들어냈다. 일본의 가지타 다카아키 도쿄대 교수는 가미오카 관측소에서 검출한 뉴트리노의 데이터를 분석해 전자 뉴트리노가 뮤온 뉴트리노로 바뀔 수 있다는 것을 알아냈다. 이것은 뉴트리노가 아주 작지만 질량이 0이 아니라는 것을 보여주는 놀라운 결과였다. 이 실험은 캐나다의 서드베리 관측소의 아서 맥도널드 교수에 의해서도 발견되었다. 두 사람은 이 업적으로 2015년 노벨 물리학상을 받았다.

가지타 타카아키(Takaaki Kajita, 梶田隆章, 1959~ ,
일본, 2015년 노벨 물리학상 수상)

아서 맥도날드(Arthur Bruce McDonald, 1943~ ,
캐나다, 2015년 노벨 물리학상 수상)

세상에서 가장 쉬운 과학 수업 핵물리학

페르미의 베타붕괴 이론 _ 베타붕괴에서 방출되는 최종 에너지값은?

정교수 이제 페르미의 베타붕괴 이론[42]을 설명할 차례군. 조금은 어려운 내용이야.

물리군 잘 따라가 볼게요.

정교수 중성자가 붕괴되어 양성자와 전자와 반뉴트리노가 만들어지는 경우를 생각해볼게. 처음 상태는 중성자이고 나중 상태는 양성자와 전자와 반뉴트리노가 되지. 양성자, 중성자, 전자, 반뉴트리노가 양자역학적인 파동함수에 의해 묘사되는 경우를 생각할 거야.

처음 상태의 파동함수를 Ψ_i라고 하고, 나중 상태의 파동함수를 Ψ_f라고 하자. 다음과 같이 좌표를 도입하자. 처음 상태는 위치 $\vec{r}$에 중성자가 있다.

이 위치에서 중성자의 파동함수를 $\psi_n(\vec{r})$라고 하자. 그러므로

---

42 E. Fermi, "Tentativo di una teoria dei raggi beta", Il Nuovo Cimento, 9 (1934).

$$\varPsi_i(\vec{r}) - \psi_n(\vec{r})$$

물리군　나중 상태는 양성자의 파동함수가 되겠군요.

정교수　양성자뿐 아니라 전자와 반뉴트리도도 고려해야지.

붕괴 후의 상태를 그림으로 나타내면 다음과 같다.

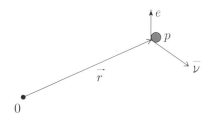

양성자의 파동함수를 $\psi_p(\vec{r})$이라고 하지. 붕괴 후 반뉴트리노와 전자가 튀어나간다. 반뉴트리노와 전자의 파동함수를 각각 $\psi_{\bar{\nu}}(\vec{r})$, $\psi_e(\vec{r})$이라고 하자. 그러므로

$$\varPsi_f(\vec{r}) = \psi_p(\vec{r})\psi_{\bar{\nu}}(\vec{r})\psi_e(\vec{r})$$

이 된다.

물리군　붕괴 후에는 세 파동함수의 곱이 되는군요.

정교수 맞아. 이제 우리가 고려하는 부피를 V라고 하고[43], 반뉴트리노의 운동량을 $\vec{p_\nu}$, 전자의 운동량을 $\vec{p_e}$라고 하자. 이때

$$\psi_{\vec{\nu}}(\vec{r}) = \frac{1}{\sqrt{V}} e^{\frac{i}{\hbar} \vec{p_\nu} \cdot \vec{r}}$$

$$\psi_e(\vec{r}) = \frac{1}{\sqrt{V}} e^{\frac{i}{\hbar} \vec{p_e} \cdot \vec{r}}$$

이 되지.

물리군 이 식은 어디에서 나온 거죠?

정교수 양자의 파동함수는

$$\Psi = A e^{ikx} \tag{3-4-1}$$

가 돼. 여기서 양자의 파장을 λ라고 하면

$$k = \frac{2\pi}{\lambda}$$

이지. 그런데 드브로이의 공식에 따라

$$p = \frac{h}{\lambda}$$

이므로 식(3-4-1)은

---

43 핵의 부피로 생각하면 된다.

$$\psi = Ae^{\frac{i}{\hbar}pr}$$

가 돼.

물리군 A는 어떻게 구하죠?

정교수   우리가 고려하는 부피는 V야. 이 속에서 양자 확률의 총합이 1이 되어야 해. 양자를 발견할 확률밀도(단위 부피당 양자를 발견할 확률)는

$$|\psi|^2 = A^2$$

으로 일정하니까

$$A^2V = 1$$

이 되지. 그러니까

$$A = \frac{1}{\sqrt{V}}$$

가 되지.

물리군   그렇군요.

정교수   그러니까 나중 파동함수는

$$\Psi_f(\vec{r}) = \psi_p(\vec{r}) \frac{1}{\sqrt{V}} e^{\frac{i}{\hbar} \vec{p}_{\bar{\nu}} \cdot \vec{r}} \frac{1}{\sqrt{V}} e^{\frac{i}{\hbar} \vec{p}_e \cdot \vec{r}}$$

이 되지.

페르미는 베타붕괴 과정에서 새로운 힘이 작용한다고 생각했는데, 이 힘을 '약상호작용'이라고 부른다. 약상호작용의 크기를 g라고 할 때 다음 양을 생각하자.

$$V_{fi} = \int_V \Psi_f^*(\vec{r}) g \Psi_i(\vec{r}) dv$$

$$= \frac{g}{V} \int_V \psi_p^*(\vec{r}) e^{-\frac{i}{\hbar}(\vec{p}_{\bar{\nu}} + \vec{p}_e) \cdot \vec{r}} \psi_n(\vec{r}) dv \qquad (3\text{-}4\text{-}2)$$

이때 $\left| V_{fi} \right|^2$은 처음 상태에서 나중 상태로 바뀔 확률로 정의된다. 이 것을 '전이 확률'이라고 부르는데, 이것이 바로 베타붕괴 확률이다. 일반적으로 물리학자들은 V_{fi}를 전이 계수라고 부른다.

이제 전이 계수의 근사값을 구해보자. 1 MeV의 운동에너지를 갖는 전자의 경우

$$|\vec{p}_e| = 1.4 MeV/c$$

가 되므로

$$\frac{|\vec{p_e}|}{\hbar} = 0.007\,\mathrm{fm}^{-1}$$

로 아주 작다. 핵의 사이즈가 아주 작다는 것을 고려하면

$$\frac{\vec{pe}\cdot\vec{r}}{\hbar} \ll 1$$

이 되어, 무시할 수 있다. 같은 이유로

$$\frac{\vec{p_\nu}\cdot\vec{r}}{\hbar} \ll 1$$

이 된다. 그러므로

$$e^{-\frac{i}{\hbar}\vec{p_\nu}\cdot\vec{r}} \approx 1$$

$$e^{-\frac{i}{\hbar}\vec{p_e}\cdot\vec{r}} \approx 1$$

이 되어, 전이 계수는 근사적으로

$$V_{fi} = \frac{g}{V}\int_V \psi_p^*(\vec{r})\,\psi_n(\vec{r})\,dv$$

이 된다. 이제

$$M_{fi} = M_{pn} = \int_V \psi_p^*(\vec{r})\,\psi_n(\vec{r})\,dv \qquad (3\text{-}4\text{-}3)$$

라고 두면

$$V_{fi} = \frac{g}{V} M_{fi} \qquad (3\text{-}4\text{-}4)$$

이다.

p_e와 $p_e + dp_e$ 사이의 전자수를 dN_e라고 하면

$$dN_e = \frac{4\pi V p_e^2 dp_e}{h^3} \qquad (3\text{-}4\text{-}5)$$

이 되고, $p_{\bar{\nu}}$와 $p_{\bar{\nu}} + dp_{\bar{\nu}}$ 사이의 반뉴트리노수를 $dN_{\bar{\nu}}$라고 하면

$$dN_{\bar{\nu}} = \frac{4\pi V p_{\bar{\nu}}^2 dp_{\bar{\nu}}}{h^3} \qquad (3\text{-}4\text{-}6)$$

이다.

물리군 식(3-4-5)와 (3-4-6)은 어디서 나온 거죠?

정교수 우리가 고려하는 전자가 반뉴트리노는 양자들이야. 양자들은 불확정성원리를 만족하지. 그러니까 위치의 불확정성과 운동량의 불확정성을 가져. 다음 그림처럼 가로축이 x좌표를, 세로축이 운동량의 x성분인 p_x를 나타내는 좌표평면에서 가로의 길이가 dx이고 세로의 길이가 dp_x인 아주 작은 직사각형을 생각해봐. 이런 좌표평면을 '위상공간'이라고 불러.

불확정성원리로부터 이 직사각형의 넓이는 플랑크상수 h가 돼. 그러니까 다음과 같지.

$$dx dp_x \sim h$$

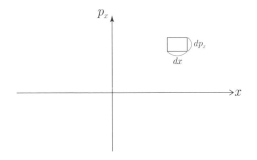

y, z방향에 대해서도

$$dy dp_y \quad h$$
$$dz dp_z \sim h$$

가 돼. 그러므로

$$dx dy dz dp_x dp_y dp_z \sim h^3$$

이 되지.

우리는 이 6차원 입체조각 속에 전자가 1개 있다고 생각해.

　　　　　세상에서 가장 쉬운 과학 수업 핵물리학

운동량이 p_e와 $p_e + dp_e$ 사이의 부피는

$$\frac{4\pi}{3}(p_e + dp_e)^3 - \frac{4\pi}{3}p_e^3 \approx 4\pi p_e^2 dp_e$$

으로 근사되지. 여기서 dp_e가 너무 작아서 dp_e^2, dp_e^3은 무시한 거야.

그러니까 다음과 같은 비례식을 세울 수 있어.

$$h^3 : 1 \quad = V \times (4\pi p_e^2 dp_e) : dN_e$$

이 식을 풀면

$$dN_e = \frac{4\pi V}{h^3} p_e^2 dp_e$$

이 되지.

물리군 이해되었어요.

정교수 마찬가지로,

$$dN_{\bar{\nu}} = \frac{4\pi V}{h^3} p_{\bar{\nu}}^2 dp_{\bar{\nu}}$$

이 되지. 전자 한 개당 반뉴트리노의 개수가 $dN_{\bar{\nu}}$개이니까 베타붕괴에서 튀어나오는 전자와 반뉴트리노의 총 개수는

$$dN = dN_0 dN_{\bar{\nu}}$$

$$= \frac{(4\pi)^2 V^2}{h^6} p_{\bar{\nu}}^2 p_e^2 dp_{\bar{\nu}} dp_e \tag{3-4-7}$$

이 되지.

물리학자들은 베타붕괴에서 방출되는 최종 에너지를 E_f라고 할 때 붕괴가 얼마나 많이 일어나는지를 나타내기 위해 미분붕괴비율[44]을

$$d\lambda = \frac{2\pi}{\hbar} \left| V_{fi} \right|^2 \frac{dN}{dE_f} \tag{3-4-8}$$

라고 정의해.

물리군   베타붕괴에도 적용할 수 있겠군요.

정교수   맞아. (3-4-7)을 (3-4-8)에 넣으면

$$d\lambda = \frac{2\pi}{\hbar} g^2 \left| M_{fi} \right|^2 \frac{(4\pi)^2}{h^6} p_{\bar{\nu}}^2 p_e^2 dp_e \frac{dp_{\bar{\nu}}}{dE_f} \tag{3-4-9}$$

가 되지.

---

44 미분붕괴비율에 대해 더 자세히 알고 싶어 하는 물리학과 학생들에게는 『양자역학』(송희성 지음)을 추천한다.

물리군 $\dfrac{dp_{\bar{\nu}}}{dE_f}$ 는 어떻게 구하죠?

정교수   베타붕괴에서 방출되는 최종 에너지는 전자의 에너지와 반뉴트리노의 에너지의 합이야. 즉

$$E_f = E_e + E_{\bar{\nu}}$$

이 되지. 그리고 반뉴트리노의 정지질량이 거의 0에 가까울 정도로 작으므로 아인슈타인의 특수상대성이론에 따라

$$E_{\bar{\nu}} = p_{\bar{\nu}} c$$

가 되어,

$$E_f = E_e + p_{\bar{\nu}} c$$

또는

$$p_{\bar{\nu}} = \frac{1}{c}(E_f - E_e)$$

이 되지. 그러니까

$$\frac{dp_{\bar{\nu}}}{dE_f} = \frac{1}{c}$$

이 돼.

물리군   그렇다면

$$d\lambda = \frac{2\pi}{\hbar c} g^2 \left| M_{fi} \right|^2 \frac{(4\pi)^2}{h^6} p_\nu^2 p_e^2 dp_e$$

가 되는군요.

정교수   맞아. 이 식은 다음과 같이 쓸 수 있어.

$$d\lambda = K p_\nu^2 p_e^2 dp_e$$

여기서

$$K = \frac{2\pi}{\hbar c} g^2 \left| M_{fi} \right|^2 \frac{(4\pi)^2}{h^6}$$

이라고 놓았어. 그리고 미분붕괴비율은 p_e와 $p_e + dp_e$사이의 전자 개수 $N_e(p_e)dp_e$에 비례하므로

$$N_e(p_e)dp_e = K'd\lambda$$

가 되어,

$$N_e(p_e) = C p_e^2 p_\nu^2$$

가 돼. 여기서

$$C = KK'$$

이지.

한편 베타붕괴 과정에서 발생하는 붕괴에너지 Q는 전자의 운동에너지와 반뉴트리노 에너지의 합이므로

$$Q = K_e + E_{\bar{\nu}}$$

$$= K_e + p_{\bar{\nu}} c$$

가 되어

$$p_{\bar{\nu}} = \frac{Q - K_e}{c}$$

가 되지. 한편 특수상대성이론에 의해

$$K_e = \sqrt{p_e^2 c^2 + m_e^2 c^4} - m_e c^2$$

이므로,

$$N_e(p_e) = \frac{C p_e^2}{c^2}(Q - K_e)^2$$

$$= \frac{C p_e^2}{c^2} \left[Q - \sqrt{p_e^2 c^2 + m_e^2 c^4} + m_e c^2 \right]^2$$

이 돼. 이것을 그래프로 그리면 다음과 같아.

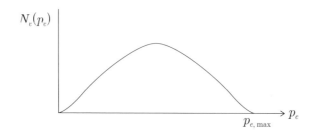

이 그래프를 보면 $p_e = 0$이면 $N_e(0) = 0$이라는 것을 알 수 있고,

$$N(p_{e,\,max}) = 0$$

이면

$$Q = K_e$$

가 되지,

네 번째 만남

•

핵력을 발견한 유카와

일본 물리학의 시작 _ 겐지로, 한타로, 니시나가 끼친 업적

정교수 이제 핵력의 발견에 대해 이야기하자.

물리군 핵 안에는 양성자와 중성자가 있잖아요? 핵력은 이들 사이의 힘을 말하나요?

정교수 맞아. 핵력은 핵자들 사이의 힘이야. 핵자들이 모여 있게 만드는 인력이 바로 핵력이야. 물리학자들의 관심은 왜 핵력이 생기는가, 핵력은 어떤 모습인가, 하는 문제에 매달리게 되었지. 이 문제는 아시아인 최초, 또 일본인 최초로 노벨 물리학상을 받은 유카와가 해결했어. 유카와에 대해서는 나중에 자세히 이야기하기로 하고 일본인이 아시아에서 최초로 노벨 물리학상을 받은 배경을 이야기해볼게.

1868년 일본에서는 메이지 천황이 즉위하면서 근대 국가로 나아가기 위한 변화와 개혁을 하게 되는데, 이것을 '메이지 유신'이라고 부른다. 메이지 유신 전의 일본은 서양에 대해 쇄국을 하고 있었다.

메이지 천황의 즉위식

세상에서 가장 쉬운 과학 수업 핵물리학

메이지 유신이 시작되면서 일본의 젊은이들은 외국에 가서 서양의 학문을 공부할 수 있게 되었다. 물론 물리학을 공부하러 미국이나 유럽의 대학으로 간 젊은이들도 많았다. 일본에서 서양의 물리학을 처음 공부한 사람은 야마카와 겐지로(山川健次郎, 1854~1931)이다.

야마카와 겐지로

야마카와 겐지로는 메이지 유신에 반대하는 지역의 소년병 전투부대인 백호대 출신이었다. 그는 전투 중 메이지 천황 군대에 포로 잡혔다가 풀려난 후 1871년 미국 예일 대학에서 물리학을 공부하고 일본으로 돌아와 도쿄 대학 최초의 물리학과 교수가 되었다. 그는 물리학자로서 독창적인 업적을 남기지는 않았지만, 서양의 최신 물리학을 일본에 도입하는 데 공헌하였고 뢴트겐의 X선 실험 등을 스스로 수행하기도 하였다.

물리군 일본의 물리학이 굉장히 빠르게 시작되었군요.

정교수 우리나라에 비하면 그렇지.

물리군 일본인 중에서 세계적인 연구를 한 최초의 물리학자는 나가오카 한타로야.

나가오카 한타로
(Hantaro Nagaoka, 長岡半太郎, 1865~1950, 일본)

나가오카 한타로는 도쿄에서 태어났다. 그는 어린 시절 공부를 못해 낙제하기도 했지만 나중에는 열심히 공부해 1882년 도쿄 대학 이학부에 입학해 1887년에 물리학 박사 학위를 받았다. 젊은 시절 나카오카는 다음과 같은 생각을 했다.

일본 사람들도 서양 사람들처럼 독창적인 과학 연구를 할 수 있을까? 서양 사람들은 오랜 세월 동안 과학 연구를 해왔고 일본의 연구 역사는 짧은데 이것이 가능할까?

– 나가오카 한타로

세상에서 가장 쉬운 과학 수업 핵물리학

    나가오카는 야마카와 겐지로에게 물리학을 배웠고 박사 학위를 마친 후에는 도쿄 대학의 조교수가 되었다. 나가오카는 야마카와 겐지로에게 그의 유학 시절 이야기를 자주 들었고 이것에 자극을 받아 1893년 물리학 연구를 위해 유럽으로 갔다. 그는 오스트리아 빈 대학에서 볼츠만에게 통계역학을 배웠고 천체물리학을 연구하기도 했다. 1896년 다시 도쿄 대학으로 돌아와 물리학과 교수가 된 그는 1904년 양의 전기를 띤 공 모양의 물체 주위를 가벼운 전자들이 돌고 있다는 원자모형을 발표했다. 1925년 60세의 나이로 정년퇴직한 후 나가오카는 1931년에 새로 생긴 오사카 대학의 초대 총장이 되었다.

물리군 일본인의 독창적인 물리 논문이 1904년에 처음 등장하는군요.
정교수 맞아. 이제 일본 현대 물리학의 아버지 니시나 요시오의 이야기를 할게.

니시나 요시오
(Yoshio Nishina, 仁科芳雄, 1890~1951, 일본)

니시나는 오카야마현 사토쇼에서 9남매 중 여덟 번째로 태어났다. 그는 어릴 때부터 공부를 잘해 오카야마 중학교 시절 전교 1등 자리를 놓치지 않았다. 그의 성적으로는 도쿄의 명문 고등학교에 진학할 수 있었지만 형편이 어려운 그는 오카야마의 제육 고등학교에 진학했고 여전히 전교 1등을 놓치지 않았다. 졸업 후 니시나는 도쿄 대학 전기공학과에 입학했다. 취업을 위해서는 전기공학과가 여러 면에서 유리했기 때문이다. 그는 1918년 수석으로 대학을 졸업하면서 천황으로부터 은시계를 받았다. 이화학 연구소(현재 RIKEN) 직원이 된 그는 나가오카 한타로 밑에서 물리학을 공부하기 시작했다. 니시나는 X선을 이용한 원자 스펙트럼을 연구했다.

니시나가 근무한 이화학 연구소

세상에서 가장 쉬운 과학 수업 핵물리학

1921년에 니시나는 연구를 위해 유럽으로 파견되었다. 그는 영국 캐번디시 연구소에서 원자핵의 구조를 연구했지만 일 년 동안 논문 한 편 쓰지 못한 채 외로운 나날을 보냈다. 그 후 괴팅겐 대학으로 자리를 옮겼지만 그곳에서 지내는 것 역시 수월치 않았다. 제1차 세계대전 후 독일이 극심한 인플레이션으로 빵 몇 조각을 사기도 힘든 형편이었기 때문이었다.

아무래도 물리학을 배우겠다고 유럽에 온 건 잘못한 것 같다. 나는 물리학자로는 소질이 없어 보인다.

– 니시나의 편지

마지막 시도로 니시나는 1922년 캐번디시 연구소에서 만났던 보어가 소장으로 있는 코펜하겐 닐스 보어 연구소에 가기로 결심했다. 보어는 니시나의 능력을 믿어주었고 니시나가 코펜하겐에 오기를 희망했다. 1923년 4월 10일, 니시나는 코펜하겐에 도착했다. 그곳은 니시나에게 최상의 장소였다. 니시나는 코펜하겐 연구소의 자유로운 연구 분위기가 마음에 들었고 이곳에서 X선 분광학에 대한 실험과 이론을 배울 수 있었다. 이후 4년 동안 코펜하겐에 머물면서 양자역학이 탄생하는 순간을 지켜보았고 물리학 연구의 방법을 배울 수 있었다. 1928년 니시나는 클라인–고던 방정식으로 유명한 클라인과 함께 디랙 방정식을 이용해 컴프턴 산란을 연구했다. 이 논문은 1928년 9월 15일에 『네이처』에 실렸고, 이 내용은 클라인–니시나 공식으로

불리게 되었다.[45]

니시나는 7년 반 동안 유럽에서 연구한 후 1928년 12월 21일 일본으로 귀국했다. 하지만 그를 반겨주는 대학은 한 곳도 없었다. 그 이유는 니시나가 물리학과가 아닌 전기공학과를 졸업했고 물리학 박사 학위가 없었기 때문이었다. 대학에 자리가 없어 니시나는 석사 과정 지도교수였던 나가오카의 연구실에 머물면서 연구를 계속해 1930년 11월에 도쿄 대학에서 물리학 박사 학위를 받았다. 1931년 니시나는 이화학 연구소에 니시나 연구소를 설립하고 하이젠베르크와 디랙을 초청했다. 그해 니시나는 교토 대학에서 양자역학 강의를 했는데, 그 강의를 들은 학생 중에는 훗날 노벨 물리학상을 받게 되는 유카와 히데키와 도모나가 신이치로가 있었다. 니시나는 유럽에서 배워온 양자역학을 일본의 물리학자들이 이해할 수 있게 하는 결정적인 역할을 했다. 니시나가 일본 현대 물리학의 아버지로 불리는 이유이다.

아시아 최초의 노벨상 _ 유카와 히데키, 중간자 이론을 발표하다

정교수 이제 아시아인 최초이자 일본 최초로 노벨 물리학상을 수상한 유카와 히데키의 이야기를 해볼게.

---

45 O. Klein and Y. Nishina, The Scattering of Light by Free Electrons according to Dirac's New Relativistic Dynamics, Nature 122, 398–399 (1928)

유카와 히데키(Hideki Yukawa, 湯川秀樹, 1907~1981, 일본, 1949년 노벨 물리학상 수상)

도쿄에서 태어난 유카와는 어린 시절 교토 대학 지리학과 교수가 된 아버지를 따라 교토로 이사했다. 그는 한학자인 할아버지의 가르침에 따라 아주 어렸을 때부터 『노자』나 『장자』 같은 고전을 읽었다. 그의 아버지는 그가 형들만큼 뛰어나지 못하다고 여겨 그를 기술 대학에 보내려고 했다. 그러나 유카와의 중학교 교장 선생님이 그가 수학에 재능이 있다고 하자 생각을 바꾸어 일반 대학에 보내기로 결심했다.

유카와는 교토에 있는 제삼 고등학교에 입학해 상대성이론에 관한 책을 읽으면서 물리학자의 꿈을 지니게 되었다. 사람들과 잘 어울리지 못하는 유카와는 독서를 즐겼다. 그는 채 번역되지 않은 독일어 책을 읽기 위해 독일어를 독학하기도 했다. 플랑크가 쓴 『이론물리학 강의』[46]를 읽고 그처럼 위대한 물리학자가 되겠다는 꿈을 키우기도

---

46 Planck, M.(1915), Eight Lectures on Theoretical Physics, Wills, A. P. (transl.), Dover Publications.

했다.

유카와는 훗날 양자전기역학으로 노벨 물리학상을 수상하는 도모나가 신이치로와 같은 중·고등학교를 다녔다.

도모나가 신이치로(Shinichiro Tomonaga, 朝永振一郎, 1906~1979, 일본, 1965년 노벨 물리학상 수상)

1926년 유카와와 도모나가는 교토 대학 물리학과에 입학했다. 1925년 하이젠베르크의 불확정성원리가 나오고 1926년 슈뢰딩거 방정식이 탄생하는 시기였다. 두 사람은 양자역학에 관심을 가졌지만 당시 교토 대학의 물리학과에는 양자역학을 강의해줄 수 있는 교수가 없었다. 두 사람은 양자역학과 관련된 논문을 함께 공부하는 수밖에 없었다.

세상에서 가장 쉬운 과학 수업 핵물리학

교토 대학

1929년 대학을 졸업한 유카와는 다마키 교수의 연구실에서 월급 없이 조교로 일했다. 그러던 어느 날 니시나 교수의 초청으로 하이젠베르크와 디랙이 일본에 온다는 반가운 소식을 접했다. 도모나가는 유카와에게 도쿄 대학에 가서 두 사람의 강의를 듣자고 했지만 유카와는 그를 따라갈 형편이 되지 못했다. 도쿄 대학 강연을 마친 디랙과 하이젠베르크가 일주일 후 교토 대학에서 강연할 때 유카와는 비로소 두 사람의 놀라운 연구 결과를 들을 수 있었다. 이때부터 유카와는 양자역학과 핵에 관심을 두게 되었다.

1932년 유카와는 유카와 스미와 결혼해 성을 오가와에서 유카와로 바꿨다. 그는 아들이 많은 가정에서 태어났지만 장인에게는 아들이 없었기 때문에 당시 일본의 풍습에 따라 장인에게 입양된 것이다. 1933년 유카와는 26세의 나이로 오사카 대학 조교수가 되었다.

유카와 부부

1935년에 유카와는 양성자와 중성자 사이의 상호작용인 핵력을 설명하는 중간자 이론을 발표했고 이 연구로 1949년 노벨 물리학상을 받았다.

중간자에 관한 논문을 발표한 후 나는 산비탈 꼭대기에 있는 작은 찻집에서 쉬는 여행자가 된 기분이었습니다. 그 당시 나는 앞으로 더 많은 산이 있는지에 대해 생각하지 않았습니다.

— 유카와의 자서전에서

세상에서 가장 쉬운 과학 수업 핵물리학

1953년 미국에서 아인슈타인과 함께한 유카와

1954년 교토 대학을 방문한 파인만과 함께

맥스웰 방정식과 로렌츠 게이지 _ 벡터와 전기 퍼텐셜의 재미있는 성질

정교수　전기와 자기는 전기장과 자기장에 의해 묘사되는데, 이들 사이의 아름다운 방정식을 만든 사람은 영국의 물리학자 맥스웰이야.

제임스 맥스웰(James Clerk Maxwell, 1831~1879, 영국 스코틀랜드)

　맥스웰은 1873년『전기자기에 대한 보물(A treatise on electricity and magnetism)』[47]이라는 책에서 전기장과 자기장이 만족해야 하는 네 개의 방정식을 소개했다. 이 책은 맥스웰 이전의 전기와 자기에 관한 연구를 집대성한 위대한 저작이다.

---

47 Maxwell, James Clerk(1873), A treatise on electricity and magnetism, Oxford; Clarendon Press.

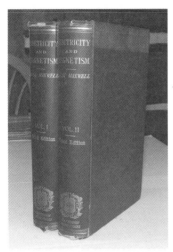

맥스웰이 지은 『전기자기에 대한 보물』

맥스웰은 전하도 전류도 없는 빈 공간에서 전기장과 자기장이 만
족하는 방정식을 다음과 같이 나타냈다.

$$\vec{\nabla} \cdot \vec{E} = 0 \tag{4-3-1}$$

$$\vec{\nabla} \times \vec{E} = -\frac{1}{c}\frac{\partial \vec{B}}{\partial t} \tag{4-3-2}$$

$$\vec{\nabla} \cdot \vec{B} = 0 \tag{4-3-3}$$

$$\vec{\nabla} \times \vec{B} = \frac{1}{c}\frac{\partial \vec{E}}{\partial t} \tag{4-3-4}$$

이 네 개의 방정식은 '맥스웰 방정식'이라고 불리는데, 여기서 $\vec{E}$는 전기장을 $\vec{B}$는 자기장을 나타내며 c는 빛의 속도를 나타낸다[48].

물리군 전기장과 자기장은 벡터이군요. 그런데 $\vec{\nabla}$는 뭐죠?

정교수 전기장과 자기장은 3차원에서 크기와 방향을 가진 벡터야.

3차원 공간에서 임의의 점 P(x, y, z)의 위치 벡터 $\overrightarrow{OP}$는 다음과 같이 쓸 수 있다.

$$\vec{r} = x\hat{i} + y\hat{i} + z\hat{k}$$

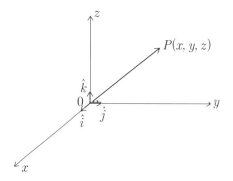

여기서 $\hat{i}$는 x축과 나란하면서 크기가 1인 벡터이고, $\hat{j}$는 y축과 나란하면서 크기가 1인 벡터이고, $\hat{k}$는 z축과 나란하며 크기가 1인 벡터이다. 이때 $\overrightarrow{OP}$의 크기는

---

48 이 방정식에 대한 자세한 설명은 『특수상대성이론』(정완상, 성림원북스)을 참고할 것.

세상에서 가장 쉬운 과학 수업 핵물리학

$$\left|\overrightarrow{\mathrm{OP}}\right| = r$$

이라고 쓰는데, 피타고라스 정리로부터

$$r = \sqrt{x^2 + y^2 + z^2}$$

이 된다. 그러므로 전기장 벡터와 자기장 벡터는

$$\vec{E} = E_x \hat{i} + E_y \hat{i} + E_z \hat{k}$$

$$\vec{B} = B_x \hat{i} + B_y \hat{i} + B_z \hat{k}$$

가 된다. 여기서 벡터미분 $\vec{\nabla}$ 는 다음과 같이 정의된다.

$$\vec{\nabla} = \hat{i}\partial_x + \hat{j}\partial_y + \hat{k}\partial_z$$

여기서 우리는 다음과 같이 줄여 썼다.

$$\frac{\partial}{\partial x} = \partial_x$$

$$\frac{\partial}{\partial y} = \partial_y$$

$$\frac{\partial}{\partial z} = \partial_z$$

물리군　$\vec{\nabla} \cdot \vec{E}$ 와 $\vec{\nabla} \times \vec{E}$ 는 뭐죠?

정교수 벡터의 곱셈에는 두 종류가 있어. 내적과 외적이지. 다음 두 벡터를 봐.

$$\vec{A} = A_x\hat{i} + A_y\hat{j} + A_z\hat{k}$$

$$\vec{B} = B_x\hat{i} + B_y\hat{j} + B_z\hat{k}$$

이때 두 벡터의 내적은 다음과 같아.

$$\vec{A} \cdot \vec{B} = A_xB_x + A_yB_y + A_zB_z$$

즉, 두 벡터를 내적한 것은 더 이상 벡터가 아니야. 벡터가 아닌 양을 물리학자들은 '스칼라'라고 불러.

두 벡터의 외적은 다음과 같이 정의돼.

$$\vec{A} \times \vec{B} = (A_yB_z - A_zB_y)\hat{i} + (A_zB_x - A_xB_z)\hat{j} + (A_xB_y - A_yB_x)\hat{k}$$

그러니까 두 벡터의 외적의 성분은

$$(\vec{A} \times \vec{B})_x = A_yB_z - A_zB_y$$

$$(\vec{A} \times \vec{B})_y = A_zB_x - A_xB_z$$

$$(\vec{A} \times \vec{B})_z = A_xB_y - A_yB_x \qquad (4\text{-}3\text{-}5)$$

이 된다.

물리군 그렇다면

$$\vec{\nabla} \cdot \vec{E} = \partial_x E_x + \partial_y E_y + \partial_z E_z$$

가 되고,

$$(\vec{\nabla} \times \vec{E})_x = \partial_y E_z - \partial_z E_y$$

$$(\vec{\nabla} \times \vec{E})_y = \partial_z E_x - \partial_x E_z$$

$$(\vec{\nabla} \times \vec{E})_z = \partial_x E_y - \partial_y E_x$$

이 되는군요.

정교수 맞아. 자기장에 대해서도 마찬가지로 계산할 수 있지. 식(4-3-5)에서 두 벡터가 같으면 어떻게 되지?

물리군 두 벡터가 같으면 $\vec{A} = \vec{B}$ 이니까

$$A_x = B_x,\, A_y = B_y,\, A_z = B_z$$

가 돼요. 그러면 식(4-3-5)에서

$$(\vec{A} \times \vec{B})_x = 0, \qquad (\vec{A} \times \vec{B})_y = 0, \qquad (\vec{A} \times \vec{B})_z = 0$$

가 돼요.

정교수 이건 아주 중요해. 두 벡터가 같으면

$$\vec{A} \times \vec{A} = 0$$

가 돼. 그러니까

$$\vec{\nabla} \times \vec{\nabla} = 0$$

가 되지. 식(4-3-3)을 봐. 이 식은

$$\vec{B} = \vec{\nabla} \times \vec{A} \tag{4-3-6}$$

이면 만족 돼.

물리군 그건 왜죠?

정교수 식(4-3-6)에서 각 성분을 구하면

$$B_x = \partial_y A_z - \partial_z A_y$$

$$B_y = \partial_z A_x - \partial_x A_z$$

$$B_z = \partial_x A_y - \partial_y A_x$$

가 돼. 그러므로

$$\vec{\nabla} \cdot \vec{B}$$

$$= \partial_x B_x + \partial_y B_y + \partial_z B_z$$

$$= \partial_x (\partial_y A_z - \partial_z A_y) + \partial_y (\partial_z A_x - \partial_x A_z) + \partial_z (\partial_x A_y - \partial_y A_x)$$

$$= 0$$

가 되지.

이제 식(4-3-6)을 식(4-3-2)에 넣으면

$$\vec{\nabla} \times \vec{E} = -\frac{1}{c} \frac{\partial}{\partial t} \vec{\nabla} \times \vec{A}$$

또는

$$\vec{\nabla} \times \vec{E} = -\frac{1}{c} \vec{\nabla} \times \frac{\partial \vec{A}}{\partial t}$$

이 된다. 우변을 좌변으로 이항하면,

$$\vec{\nabla} \times \left(\vec{E} + \frac{1}{c} \frac{\partial \vec{A}}{\partial t} \right) = 0$$

가 된다. 임의의 함수 f에 대해

$$\vec{\nabla} \times \vec{\nabla} f = 0$$

이므로

$$\vec{E} + \frac{1}{c}\frac{\partial \vec{A}}{\partial t} = -\vec{\nabla} U_p$$

또는

$$\vec{E} = -\frac{1}{c}\frac{\partial \vec{A}}{\partial t} - \vec{\nabla} U_p \qquad\qquad (4\text{-}3\text{-}7)$$

라고 둘 수 있다. 이때 $\vec{A}$를 벡터 퍼텐셜, U_p를 전기 퍼텐셜이라고 부른다.

물리군   자기장이 작용하지 않으면 $\vec{A}$는 정의할 필요가 없군요.

정교수   맞아. 그 경우 전기장은

$$\vec{E} = -\vec{\nabla} U_p \qquad\qquad (4\text{-}3\text{-}8)$$

이 되지.

물리군   그렇군요.

정교수   1867년 덴마크의 물리학자 로렌츠는 벡터 퍼텐셜과 전기 퍼텐셜에 대해 재미있는 성질을 발견했어.[49]

---

49 Lorenz, L.(1867), "On the Identity of the Vibrations of Light with Electrical Currents", Philosophical Magazine. Series 4, 34 (230); 287–301.

루드비 로렌츠
(Ludvig Valentin Lorenz, 1829~1891, 덴마크)

로렌츠는 다음과 같이 전기 퍼텐셜과 벡터 퍼텐셜을 바꾸어 보았다.

$$U_p' = U_p - \frac{1}{c}\partial_t \Lambda(x,y,z,t)$$

$$\vec{A'} = \vec{A} + \vec{\nabla}\Lambda(x,y,z,t) \tag{4-3-9}$$

여기서 $\Lambda(x, y, z, t)$는 임의의 함수이다. 이렇게 달라진 퍼텐셜들에 대해 구한 전기장과 자기장을 $\vec{E'}$, $\vec{B'}$ 이라고 하면,

$$\vec{B'} = \vec{\nabla} \times \vec{A'} = \vec{\nabla} \times (\vec{A} + \vec{\nabla}\Lambda)$$

$$= \vec{\nabla} \times \vec{A} + \vec{\nabla} \times \vec{\nabla}\Lambda$$

$$= \vec{\nabla} \times \vec{A}$$

$$= \vec{B}$$

가 되고,

$$\vec{E}' = -\frac{1}{c}\frac{\partial \vec{A}'}{\partial t} - \vec{\nabla} U_p{}'$$

$$= -\frac{1}{c}\frac{\partial}{\partial t}(\vec{A} + \vec{\nabla}\Lambda) - \vec{\nabla}\left(U_p - \frac{1}{c}\frac{\partial}{\partial t}\Lambda\right)$$

$$= -\frac{1}{c}\frac{\partial \vec{A}}{\partial t} - \vec{\nabla} U_p$$

$$= \vec{E}$$

가 된다.

물리군 전기장과 자기장이 안 변하는군요.

정교수 맞아. 이 변환 (4-3-9)을 '게이지 변환'이라고 불러.

물리군 게이지가 무슨 뜻이죠?

정교수 영어로는 gauge, 그러니까 틈이라는 뜻이야. 퍼텐셜에 어떤 차이(틈)가 생겨도 전기장과 자기장이 안 변하기 때문에 이런 이름이 붙은 거지. 그리고 $\Lambda(x, y, z, t)$는 임의의 함수이므로 우리는 벡터 퍼텐셜과 전기 퍼텐셜이 어떤 관계식을 만족하도록 요구할 수 있어.

로렌츠는 두 퍼텐셜이 다음 관계식을 만족하도록 요구했다.

$$\vec{\nabla} \cdot \vec{A} + \frac{1}{c}\partial_t U_p = 0$$

이것을 '로렌츠 게이지 선택'이라고 부른다.

이제 맥스웰 방정식 $\vec{\nabla}\cdot\vec{E}=0$에 식(4-3-7)을 넣으면

$$\vec{\nabla}\cdot\left(-\frac{1}{c}\frac{\partial\vec{A}}{\partial t}-\vec{\nabla}U_p\right)=0$$

또는

$$\vec{\nabla}\cdot\vec{\nabla}U_p=-\frac{1}{c}\partial_t(\vec{\nabla}\cdot\vec{A})$$

이 된다. 로렌츠 게이지 선택을 이용하면,

$$\vec{\nabla}\cdot\vec{\nabla}U_p=\frac{1}{c^2}\partial_t^2 U_p$$

가 되지. 물리학자들은

$$\vec{\nabla}\cdot\vec{\nabla}=\Delta$$

이라고 쓰고 '라플라시안'이라고 불러. 그러므로 전기 퍼텐셜이 만족하는 식은

$$\left(\Delta-\frac{1}{c^2}\partial_t^2\right)U_p=0$$

이 된다.

물리군 유카와 논문의 식(1)이 나왔네요

유카와의 중간자 예언 _ 중간자의 질량을 계산하다

물리군 핵력은 유카와가 처음 생각한 건가요?

정교수 그렇지는 않아. 1932년 중성자가 발견된 후 하이젠베르크가 핵자들 사이의 힘인 핵력에 대한 논문들을 발표했거든. 하이젠베르크는 수소 원자와 수소 원자 사이에 인력이 작용해 수소 분자를 형성하는 이론에서 힌트를 얻어 핵자들 사이의 힘을 설명하려고 했어. 하이젠베르크는 힘이란 두 물체의 상호작용이라고 생각했지.

물리군 하나의 물체만 있다면 힘은 정의되지 않겠군요.

정교수 맞아. 중력을 생각해봐. 중력은 질량을 가진 두 물체 사이의 힘이고 전기력을 두 전하 사이의 힘이야. 이 우주에 질량을 가진 물체가 한 개뿐이라면 중력은 생각할 필요가 없어. 하이젠베르크는 두 물체 사이의 힘은 두 사람이 캐치볼 게임을 하는 것과 같다고 생각했지.

물리군 야구의 캐치볼을 말하는 건가요?

정교수 맞아. 야구공으로 캐치볼을 하면 야구 게임이고 농구공으로 캐치볼을 하면 농구 경기이듯이 각각의 힘을 캐치볼에 비유할 때 캐치볼에 해당하는 입자가 있다고 생각했어.

물리군 전기력의 캐치볼은 뭐죠?

정교수 전기력은 전하와 전하 사이의 힘이야. 이때의 캐치볼은 전자기파라는 파동인데, 이것을 입자로 설명하면 광자가 돼. 그러니까 전기력은 두 전하 사이의 캐치볼 게임이라고 생각하면 돼.

물리군 하이젠베르크는 핵력에 대한 캐치볼 입자를 찾으려고 했군요.

정교수 그런 셈이지. 하지만 하이젠베르크가 생각한 핵력의 캐치볼 입자에 가장 관심을 보인 사람은 유카와였어. 유카와는 캐치볼 입자가 가벼울수록 힘이 작용하는 거리가 멀어지고 무거우면 힘의 작용 거리가 멀어진다고 생각했지.

물리군 그건 왜죠?

정교수 두 소년이 가벼운 공으로 캐치볼을 한다고 생각해봐. 공이 가벼우니까 두 소년은 멀리까지 공을 던질 수 있을 거야. 그러니까 두 소년은 멀리 떨어져 있을 수 있지.

이번에는 두 소년이 투포환처럼 겨우 들 수 있을 정도로 무거운 공으로 캐치볼을 한다고 생각해봐. 너무 무거워서 멀리까지 공을 던질 수 없으니까 두 소년은 가까이 붙어서 캐치볼 게임을 해야 할 거야.

물리군 전기력은 두 전하가 멀리 떨어져 있어도 작용하니까 캐치볼 입자가 가볍고 핵력은 두 핵자가 가까이 붙어 있으니까 캐치볼 입자가 무거워야겠군요.

정교수 맞아. 전기력의 캐치볼 입자는 광자인데, 광자는 질량이 0이니까 무한한 거리까지 힘이 작용해. 그에 비해 핵의 크기가 10^{-14}m 정도이므로 이렇게 작은 거리에 힘이 작용하려면 캐치볼 입자가 무거워야지. 유카와는 하이젠베르크의 불확정성원리를 써서 핵력의 캐치볼 역할을 하는 새로운 입자를 예언했어. 그리고 이 입자의 이름을 '중간자(mson)'라고 불렀어. 유카와는 중간자의 질량이 전자의 질량의 약 200배 정도이어야 함을 알게 되었지.

이제 유카와가 중간자의 질량을 계산한 방법을 알아보자. M을 중간자의 질량, c를 빛의 속도, R을 핵의 크기라고 하면 에너지와 시간에 대한 불확정성원리에 의해 에너지의 오차와 시간의 오차의 곱은 플랑크상수 정도의 크기가 된다. 이것을 식으로 쓰면,

$$\Delta E \cdot \Delta t \sim h$$

이 된다. 이 식으로부터

$$\Delta t \sim \frac{h}{\Delta E}$$

이고, 아인슈타인의 에너지−질량 관계식에 의해

$$\Delta E = Mc^2$$

이므로

$$\Delta t \sim \frac{h}{Mc^2}$$

이 된다. 중간자의 속도를 c라 하면 중간자의 이동 거리가 핵 크기 정도이므로

$$R \sim c\Delta t \sim \frac{h}{Mc}$$

이 되어야 한다. 이 식에서 중간자의 질량 M을 계산하면

$$M \sim \frac{h}{cR}$$

$$\sim \frac{6 \times 10^{-34}}{(3 \times 10^8) \times 10^{-14}}$$

$\sim$ 전자질량의 200배 정도

가 된다.

물리군　그렇군요.

유카와의 논문 속으로 _ 유카와 퍼텐셜이 궁금해!

정교수　이제 본격적으로 유카와의 논문[50]을 따라가 볼게.

유카와는 아인슈타인의 특수상대론을 다시 들여다보았다. 정지질량이 m이고 운동량이 $\vec{p}$인 입자의 상대론적인 에너지 E는

$$E^2 = \vec{p} \cdot \vec{p}\, c^2 + m^2 c^4 \qquad\qquad (4\text{-}5\text{-}1)$$

을 만족한다는 것이 컴프턴에 의해 알려졌다.

유카와는 먼저 광자에 대응되는 전기 퍼텐셜이 만족하는 방정식을 유심히 보았다. 광자는 정지질량이 0이므로 식(4-5-1)은

$$E^2 = \vec{p} \cdot \vec{p}\, c^2$$

---

50 Yukawa, H.(1935), "On the Interaction of Elementary Particles", Proc. Phys.–Math. Soc. Jpn, 17(48).

이 된다. 드브로이의 이중성으로부터 광자는 입자로도 파동으로도 묘사될 수 있다. 광자를 파동으로 해석하면 전자기파가 되고, 광자를 양자로 생각해 양자역학적으로 생각하면 식(4-5-1)은 다음과 같은 연산자식으로 바뀐다.

$$c^2 \hat{p}^2 = \hat{H}^2 \tag{4-5-2}$$

여기서 $\hat{H}$ 는 광자의 해밀토니안이다.

물리군 연산자는 파동함수에 작용해야 하잖아요?

정교수 물론이야. 유카와는 이 파동함수를 전기 퍼텐셜로 택했어.

이때

$$c^2 \hat{p}^2 U_p = \hat{H}^2 U_p$$

이 되지. 이제 관계식

$$\hat{H} \rightarrow i\hbar \frac{\partial}{\partial x}$$

$$\hat{p_x} \rightarrow \frac{\hbar}{i} \frac{\partial}{\partial x}$$

$$\hat{p_y} \rightarrow \frac{\hbar}{i} \frac{\partial}{\partial y}$$

$$\hat{p_z} \rightarrow \frac{\hbar}{i} \frac{\partial}{\partial z}$$

를 이용하면 전기 퍼텐셜은

$$\left(\Delta - \frac{1}{c^2}\partial_t^2 \right)U_p = 0$$

을 만족한다.

유카와

만일 전기 퍼텐셜이 시간에 따라 안 변하면

$$\Delta U_p = 0$$

이 된다.

이때 전기 퍼텐셜 U_p는 전기 퍼텐셜을 측정하는 위치의 좌표 P(x, y, z)의 함수가 된다. 물론 P의 위치를 나타내기 위해서는 적당한 원점 O(0, 0, 0)을 선택해야 한다. 유카와는 전기 퍼텐셜이 원점과 P점

사이의 거리인

$$r = \sqrt{x^2 + y^2 + z^2}$$

에만 의존한다고 생각했다. 즉,

$$U_p = U_p(r)$$

이다.

물리군 그렇다면 전기 퍼텐셜은

$$\Delta U_p(r) = 0 \tag{4-5-3}$$

를 만족하는군요.

정교수 맞아. 이제 r을 x로 편미분한 경우를 볼게. 이것은

$$\frac{\partial r}{\partial x}$$

또는

$$\partial_x r$$

또는

$$r_x$$

라고 쓰지. 이것은 다음과 같이 계산돼.

$$r_x = \frac{\partial}{\partial_x}\sqrt{x^2+y^2+z^2}$$

$$= \frac{1}{2\sqrt{x^2+y^2+z^2}} \cdot 2x$$

$$= \frac{x}{\sqrt{x^2+y^2+z^2}}$$

$$= \frac{x}{r}$$

$$\frac{d}{dx}\sqrt{x^2+\square}$$

$$= \frac{1}{2\sqrt{x^2+\square}} \cdot 2x$$

$$= \frac{x}{\sqrt{x^2+\square}}$$

마찬가지로

$$r_y = \frac{y}{r}$$

$$r_z = \frac{z}{r}$$

이 되지.

이제 $U_p(r)$을 x로 편미분하는 경우를 보자.

$$\partial_x U_p(r) = U_p{}'(r)\,\partial_x r$$

$$= U_p{}'(r)\frac{x}{r}$$

세상에서 가장 쉬운 과학 수업 핵물리학

이 된다. 이것을 x에 대해 한 번 더 편미분하면

$$\partial_x^2 U_p(r)$$

$$= \partial_x \partial_x U_p(r)$$

$$= \partial_x \left[\frac{U_p{'}}{r} \cdot x \right]$$

$$= \left(\frac{U_p{'}}{r} \right){'} \partial_x r \cdot x + \frac{U_p{'}}{r} \cdot 1$$

$$= \left(-\frac{1}{r^2} U_p{'} + \frac{1}{r} U_p{''} \right) \cdot \frac{x^2}{r} + \frac{U_p{'}}{r} \tag{4-5-4}$$

이 되고, 마찬가지로

$$\partial_y^2 U_p(r) = \left(-\frac{1}{r^2} U_p{'} + \frac{1}{r} U_p{''} \right) \cdot \frac{y^2}{r} + \frac{U_p{'}}{r} \tag{4-5-5}$$

$$\partial_z^2 U_p(r) = \left(-\frac{1}{r^2} U_p{'} + \frac{1}{r} U_p{''} \right) \cdot \frac{z^2}{r} + \frac{U_p{'}}{r} \tag{4-5-6}$$

이 된다. 그러므로 식(4-5-3)은

$$\Delta U_p(r) = \left(-\frac{1}{r^2} U_p{'} + \frac{1}{r} U_p{''} \right) \cdot \frac{x^2 + y^2 + z^2}{r} + 3 \frac{U_p{'}}{r} \tag{4-5-7}$$

또는

$$U_p'' + \frac{2}{r}U_p' - 0 \qquad\qquad (4-5-8)$$

가 된다. 이 식에서

$$U_p'(r) = F(r)$$

이라고 두면 식(4-5-8)은

$$F' = -\frac{2}{r}F$$

가 된다. 이 식을 다시 쓰면

$$\frac{dF}{dr} = -\frac{2}{r}F$$

가 된다. 이 식을 F로 나누고 dr을 곱하면

$$\frac{dF}{F} = -\frac{2}{r}dr$$

이 된다. 이 식의 양변에 적분을 취하면

$$\int \frac{1}{F}dF = -\int \frac{2}{r}dr$$

이 되어,

$$\ln F = -2\ln r + \ln C_1$$

또는

$$F = \frac{C_1}{r^2}$$

이 된다. 그러므로

$$U_p' = \frac{C_1}{r^2}$$

이 되어,

$$U_p = -\frac{C_1}{r} + C_2 \qquad\qquad (4\text{-}5\text{-}9)$$

가 된다.

물리군 C_1, C_2는 어떻게 구하죠?

정교수 전기 퍼텐셜은 r이 무한대로 갈 때 0이 되어야 해. 그러니까

$$C_2 = 0$$

가 되지. 즉,

$$U_p = -\frac{C_1}{r}$$

이 돼. 전기 퍼텐셜로부터 전기장을 구할 수 있어. 그것은 다음과 같지.

$$E_x = -\partial_x U_p = -C_1 \frac{x}{r^3}$$

$$E_y = -\partial_y U_p = -C_1 \frac{y}{r^3}$$

$$E_z = -\partial_z U_p = -C_1 \frac{z}{r^3}$$

이므로

$$\vec{E} = -\vec{\nabla} U_p = -\frac{C_1}{r^3} \vec{r}$$

이 되지. 만일 원점에 전하 Q가 놓여 있다면 전기장 벡터는

$$\vec{E} = \frac{Q}{r^3} \vec{r}$$

이 되므로 이 경우에는

$$C_1 = -Q$$

가 되지. 이때 만일 점 P에 전하 q가 있다면 이 전하가 받는 전기력은

$$\vec{F_e} = q\vec{E} = \frac{qQ}{r^3} \vec{r}$$

가 되지. 이 힘은 두 전하 사이에 작용하는 전기력이야.

물리군　전기 퍼텐셜을 알면 두 전하 사이의 전기력을 알 수 있군요.

정교수　맞아. 유카와는 이 아이디어를 중간자 이론에 적용할 수 있다고 생각했어.

물리군　중간자는 질량이 있잖아요?

정교수　물론이야. 그러니까 아인슈타인 관계식(4-5-1)을 사용해야 할 거야. 식(4-5-1)을 연산자로 바꾸면,

$$c^2\hat{p}^2 + m^2 c^4 = \hat{H}^2 \tag{4-5-10}$$

이 되지.

중간자를 캐치볼 입자로 갖는 힘인 핵력에 대응되는 퍼텐셜을 U라고 이 퍼텐셜을 파동함수로 생각하면,

$$(c^2\hat{p}^2 + m^2 c^4)U = \hat{H}^2 U \tag{4-5-11}$$

또는

$$\left[\Delta - \frac{1}{c^2}\frac{\partial^2}{\partial t^2} - \lambda^2\right]U = 0 \tag{4-5-12}$$

이 된다. 여기서 $\lambda = m^2 c^2 > 0$이다.

물리군　유카와 논문의 식(3)이 나왔어요.

정교수　전기력과 마찬가지로 유카와는 퍼텐셜이 시간에 따라 변하

지 않는 경우를 생각했어. 이 경우, 식(4-5-12)는

$$[\Delta - \lambda^2]U = 0 \qquad\qquad (4\text{-}5\text{-}13)$$

이 되지.

유카와는 식(4-5-13)에서 퍼텐셜이 r만의 함수인 경우를 생각했어. 즉

$$[\Delta - \lambda^2]U(r) = 0 \qquad\qquad (4\text{-}5\text{-}14)$$

물리군 U는 어떻게 구하죠?

정교수 유카와는 핵력과 관련된 퍼텐셜이 전기 퍼텐셜과 비슷한 꼴이 될 거로 생각하고

$$U(r) = \frac{1}{r}f(r)$$

이라고 가정했어.

이제 $U(r)$을 x로 편미분하는 경우를 보자.

$$\partial_x U(r) = \partial_x\left(\frac{1}{r}f(r)\right)$$

$$= \left(\frac{1}{r^2}f'(r) - \frac{1}{r^3}f(r)\right)x$$

이 된다. 이것을 x에 대해 한 번 더 편미분하면

세상에서 가장 쉬운 과학 수업 핵물리학

$$\partial_x^2 U(r) = \frac{f'}{r^2} - \frac{f}{r^3} + \frac{1}{r}\left(\frac{f''}{r^2} - 3\frac{f'}{r^3} + 3\frac{f}{r^4}\right)x^2$$

이 된다. 마찬가지로

$$\partial_y^2 U(r) = \frac{f'}{r^2} - \frac{f}{r^3} + \frac{1}{r}\left(\frac{f''}{r^2} - 3\frac{f'}{r^3} + 3\frac{f}{r^4}\right)y^2$$

$$\partial_z^2 U(r) = \frac{f'}{r^2} - \frac{f}{r^3} + \frac{1}{r}\left(\frac{f''}{r^2} - 3\frac{f'}{r^3} + 3\frac{f}{r^4}\right)z^2$$

이 된다. 그러므로

$$\Delta U(r) = \frac{f''}{r}$$

이 된다. 식(4-5-14)로부터

$$\frac{f''}{r} = \lambda^2 \frac{f}{r}$$

이므로

$$f'' = \lambda^2 f$$

가 된다. 이 미분 방정식을 풀면,

$$f = e^{\lambda r} \text{ 또는 } e^{-\lambda r}$$

이 된다. 그런데 r이 무한대로 갈 때 U는 0이 되어야 하므로,

$$f = -ge^{-\lambda r}$$

이 되고, 핵력과 관련된 퍼텐셜은

$$U = -g\frac{e^{-\lambda r}}{r} \qquad\qquad (4\text{-}5\text{-}15)$$

가 된다. 여기서 g는 핵력의 크기와 관련된 상수이고 음의 부호는 인력을 나타낸다. 이것을 '유카와 퍼텐셜'이라고 부른다. 유카와는 이 퍼텐셜의 발견으로 노벨 물리학상을 받았다.

파이 중간자의 발견 _ 피레네산맥에서 발견한 한 장의 사진

물리군 유카와가 예언한 중간자는 발견되었나요?

정교수 이제 그 이야기를 하려고. 아무리 좋은 이론이라도 실험으로 입증되지 않으면 노벨상을 받을 수 없어. 누구보다 새 입자의 발견을 기다린 사람은 유카와야. 유카와는 처음 앤더슨이 발견한 뮤온이 중간자일 거로 생각했지. 뮤온의 질량이 전자의 질량의 207배 정도이므로 그의 예언과 일치했기 때문이야. 하지만 뮤온은 중간자가 아닌 것으로 판명이 났어. 이제 유카와는 중간자의 발견을 기다려야 했어.

물리군 중간자 발견에 성공했나요?

정교수 물론. 중간자를 발견한 사람은 영국의 실험물리학자 파월이야.

세상에서 가장 쉬운 과학 수업 핵물리학

세실 프랭크 파월(Cecil Frank Powell, 1903~1969,
영국, 1950년 노벨 물리학상 수상)

　파월은 영국 켄트의 톤브리지(Tonbridge)에서 태어나서 그곳에서
초기 교육을 받았다. 파월이 과학자가 된 데는 외할아버지의 영향이
컸다. 교사인 외할아버지는 어린 파월에게 과학책이나 수학책을 선
물했다. 가난한 집안 형편 때문에 파월은 용돈을 모아 실험장치를 구
입하고 어릴 때부터 실험을 즐겼다.

　1925년 파월은 케임브리지 시드니 서식스 칼리지(Sidney Sussex
College, Cambridge)에서 자연과학을 전공했다. 졸업 후 그는 케
임브리지 캐번디시 연구소에서 일하였고, 안개상자를 발명한 찰스
윌슨의 지도로 1927년 응결 현상에 관한 연구로 박사 학위를 받았
다. 1928년 파월은 브리스톨 대학의 윌스 물리 연구소(H.H. Wills
Physical Laboratory) 틴들(A.M. Tyndall)의 연구원으로 일을 시작
하여 1931년 조교수가 되었다.

　1932년 캐번디시 연구소의 콕크로프트(John Douglas Cockcroft,

1897~1967, 영국, 1951년 노벨 물리학상 수상)와 월턴(Ernest Thomas Sinton Walton, 1903~1995, 아일랜드, 1951년 노벨 물리학상 수상)이 정전가속기를 만들어 양성자를 인공적으로 가속시키는 가속기를 발명하게 되자 파월은 브리스톨 대학에서 이 가속기를 만드는 작업을 했고 1939년에 이 가속기를 만들었지만 제2차 세계대전이 일어나면서 가속기는 해체되었다.

브리스톨 대학에 있는 동안 파월은 기체 이온들의 성질과 원자핵 산란을 연구했다. 그는 전기를 띤 입자들의 이동 경로를 기록하는 장치를 고안하기 위해서 감광 유제(photographic emulsions)[51]가 얇게 발린 사진 건판(원자핵 건판)을 이용하는 방법을 개발해, 1938년에 이 기술을 이용하여 우주선 속의 새로운 입자를 조사하는 일을 했다. 파월은 이 일을 오키알리니, 라테스 등과 공동으로 수행했다.

주세페 오키알리니
(Giuseppe Occhialini, 1907~1993 이탈리아)

---

51 필름이나 인화지가 빛에 반응하도록 그 위에 바르는 감광성(感光性)을 지닌 액체 상태의 물질

세상에서 가장 쉬운 과학 수업 핵물리학

체사레 라테스
(Cesare Mansueto Giulio Lattes, 1924~2005, 브라질)

파월 그룹은 우주선 실험을 할 장소로 프랑스 피레네산맥에 있는 2,877m 높이의 피크 뒤 미디 드 비고르(Pic du Midi de Bigorre)를 택했다. 이곳의 정상에는 관측소가 있었다.

피크 뒤 미디 드 비고르

파월 그룹은 이곳에서 놀라운 사진 한 장을 발견했다.

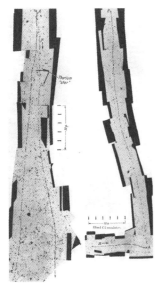

파이온 발견 사진

이 사진은 바로 유카와가 그렇게 기다리던 중간자의 사진이었다. 이들은 이 중간자의 이름을 '파이온'이라고 불렀다. 위 그림에서 왼쪽 사진은 파이온이 아래에서 위로 진행하다가 A에서 뮤온으로 붕괴해 이때 발생한 뮤온이 아래로 내려오는 모습을 보여주었다. 한편 오른쪽 그림은 파이온이 왼쪽 아래에서 오른쪽으로 진행하다가 A에서 뮤온 으로 붕괴되어 위로 진행하다가 B에서 사라지는 그림이었다. 파월 그 룹은 이 사진과 함께 논문을 작성해 1947년에 『네이처』에 게재했다.[52]

52 Lattes, C. M. G.; Muirhead, H.; Occhialini, G. P. S.; Powell, C. F.(1947), "Processes Involving Charged Mesons", Nature, 159 (4047); 694.

파월 그룹이 발견한 파이온은 '파이 중간자'라고도 불리는데, 양의 전기를 띤 것과 음의 전기를 띤 것이 있었다. 그들은 양의 전기를 띤 파이 중간자를 π^+로 나타내고 음의 전기를 띤 파이 중간자를 π^-라고 불렀다.

π^+는 양전자와 같은 전하량을 가지고 π^-는 전자와 같은 전하량을 가진다. 두 중간자의 질량은 전자의 질량의 약 274배 정도였다. 이들 두 파이 중간자는 뮤온 또는 반뮤온으로 붕괴했다.

$$\pi^+ \longrightarrow \mu^+ + \nu_\mu$$

$$\pi^- \longrightarrow \mu + \overline{\nu_\mu}$$

이러한 붕괴에 걸리는 시간은 2.6×10^{-8}초이므로 이 시간이 바로 두 파이 중간자의 수명이다.

물리군   전기를 띠지 않은 파이 중간자도 있나요?

정교수   그것을 π^0라고 불러. 전기를 띠고 있지 않기 때문에 원자핵 건판에 궤적을 남기지 않아 발견하기가 까다로웠지. 하지만 1950년 스타인버거가 미국 버클리 대학 사이클로트론에서 두 개의 광자로 붕괴하는 중성의 파이 중간자를 발견했어. 즉 중성의 파이 중간자의 붕괴는

$$\pi^0 \longrightarrow 2\gamma$$

가 되지. 여기서 γ는 광자를 나타내. 준성이 파이 준간자이 수명은 48.4×10^{-17}초이고 질량은 전자의 질량의 265배 정도야.

물리군   네, 그렇군요.

만남에 덧붙여

Quantum Theory of the Atomic Nucleus

G. Gamow

(Received 1928)

It has often been suggested that non–Coulomb attractive forces play a very important role inside atomic nuclei. We can make many hypotheses concerning the nature of these forces. They can be the attractions between the magnetic moments of the individual constituents of the nucleus or the forces engendered by electric and magnetic polarization.

In any case, these forces diminish very rapidly with increasing distance from the nucleus, and only in the immediate vicinity of the nucleus do they outweigh the Coulomb force.

From the scattering of α–particles we may conclude that for heavy elements the forces of attraction are still not measurable down to a distance of $\sim 10^{-12}$ cm. We may therefore take the potential energy as being correctly represented by the curve in [Fig. 1].

Here r'' gives distance down to which it has been shown experimentally that the Coulomb repulsion alone exists. From r' down the deviation (r' is unknown and perhaps much smaller than r'') from the Coulomb force is pronounced and the U–curve has a maximum at r_0. For $r < r_0$ the attractive forces dominate; this region, the particle circles around the rest of the nucleus like a satellite.

This motion, however, is not stable since the particle's energy is positive, and, after some time, the α-particle will fly out (α -emission). Here, however, we meet a fundamental difficulty.

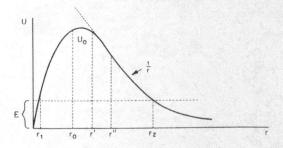

Figure 1:

To fly off, the α–particle must overcome a potential barrier of height U_0 [Fig. 1]; its energy may not be less than u_0. But the energy of the emitted α–particle, as verified experimentally, is much less. For example, we find on analyzing the scattering of $Ra - c' - \alpha$–particles by uranium that for the uranium nucleus the Coulomb law is valid down to distances of 3.2×10^{-12} cm. on the other hand, the α-particles emitted by uranium itself have an energy which represents a distance of 3.2×10^{-12} cm (r_2 in [Fig. 1]) on the repulsive curve. If an α-particle, coming from the interior of the nucleus, is to fly away, it must pass through the region r_1 and r_2 where its kinetic energy would be negative, which, naturally, is impossible classically.

To overcome this difficulty, Rutherford assumed that the α-particles in the nucleus are neutral, since they are assumed to have two electrons there. Only at a certain distance from the nucleus, on the other side of the potential barrier's maximum, do they, according to Rutherford. lose their two electrons. which fall back into the nucleus while the α-particles fly on impelled by the Coulomb repulsion. But this assumption seems very unnatural, and can hardly be a true picture.

If we consider the problem from the wave mechanical point of view, the above difficulties disappear by themselves. In wave mechanics a particle always has a finite probability, different from zero, of going from one region to another region of the same energy, even through the two regions are separated by an arbitrarily large but finite potential barrier.

As we shall see further, the probability for such a transition, all things considered, is very small and, in fact, is smaller the higher the potential barrier is. To clarify this point, we shall analyze a simple case [see Fig. 2].

We have a rectangular potential barrier and we wish to find the solution

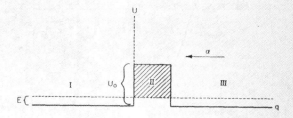

Figure 2:

of Schroedinger's equation which represents the penetration of the particle from right to left. For the energy E we write the wave function ψ in the following form:

$$\psi = \Psi(q)e^{(2\pi i/h)Et},$$

where $\Psi(q)$ satisfies the amplitude equation

$$\frac{\partial^2 \Psi}{\partial q^2} + \frac{8\pi^2 m}{h^2} (E - U) \Psi = 0 \tag{1}$$

For the region I we have the solution

$$\Psi_1 = A \cos \cdot (kq + \alpha)$$

where A and α are two arbitrary constants and

$$k = \frac{2\pi \sqrt{2m}}{h} \cdot \sqrt{E} \tag{2a}$$

In the region II the solution reads

$$\Psi_{II} = B_1 e^{-k'q} + B_2 e^{k'q}$$

where

$$k' = \frac{2\pi \sqrt{2m}}{h} \cdot \sqrt{U_0 - E} \tag{2b}$$

At the boundary $q = 0$ the following conditions apply:

$$\Psi_I(0) = \Psi_{II}(0) \qquad \text{and} \qquad \left[\frac{\partial \Psi_I}{\partial q}\right]_{q=0} = \left[\frac{\partial \Psi_{II}}{\partial q}\right]_{q=0},$$

세상에서 가장 쉬운 과학 수업 핵물리학

from which we easily obtain

$$B_1 = \frac{A}{2\sin\theta} \cdot \sin(\alpha + \theta); \quad B_2 = -\frac{A}{2\sin\theta} \cdot \sin(\alpha - \theta),$$

where

$$\sin\theta = \frac{1}{\sqrt{1 + (\frac{k}{k'})^2}}$$

The solution in region II therefore reads

$$\Psi_{II} = \frac{A}{2\sin\theta} \cdot [\sin(\alpha + \theta) \cdot e^{k'q} - \sin(\alpha - \theta)e^{k'q}].$$

In III we again have

$$\Psi_{III} = C\cos(kq + \beta)$$

At the boundary $q = l$ we have from the boundary conditions

$$\frac{A}{2\sin\theta} \cdot [\sin(\alpha + \theta)e^{-lk'}] - \sin(\alpha - \theta)e^{+lk'}] = C\cos(kl + \beta)$$

and

$$\frac{A}{2\sin\theta}k' \cdot [\sin(\alpha + \theta)e^{-lk'}] - \sin(\alpha - \theta)e^{+lk'}] = -kC\sin(kl + \beta).$$

Hence

$$
\begin{aligned}
C^2 = \frac{A^2}{4\sin^2\theta} \cdot \Bigg\{ &\left[1 + \left(\frac{k'}{k}\right)^2\right] \cdot \sin^2(\alpha - \theta) \cdot e^{2lk'} \\
&- \left[1 - \left(\frac{k'}{k}\right)^2\right] \cdot 2\sin(\alpha - \theta) \cdot \sin(\alpha + \theta) \\
&+ \left[1 + \left(\frac{k'}{k}\right)^2\right] \cdot \sin^2(\alpha + \theta) \cdot e^{-2lk'} \Bigg\}.
\end{aligned}
$$

(3)

The calculation of β is of no interest to us. We are interested only in the case in which lk' is very large so that we need consider only the firs term in (3).

We thus have the following solution:

      left: right:

$$A\cos(kq + \alpha) \ldots A\frac{\sin(\alpha - \theta)}{2\sin\theta} \cdot \left[1 + \left(\frac{k'}{k}\right)^2\right]^{1/2} \cdot e^{+lk'}\cos(kq + \beta).$$

If we now write $\alpha - \frac{\pi}{2}$ instead of α multiply the obtained solution by i, and then add the two solutions, we obtain on the left

$$\Psi = Ae^{i(kq+\alpha)}, \tag{4a}$$

on the right, however,

$$\Psi = \frac{A}{2\sin\theta} \cdot \left[1 + \left(\frac{k'}{k}\right)^2\right]^{1/2} \cdot e^{+lk'} \{\sin(\alpha - \theta)\cos(kq + \beta) -$$

$$i\cos(\alpha + \theta)\cos(kq + \beta')\}, \tag{4b}$$

where β' is the new phase.

If we multiply this solution by $e^{2\pi i \frac{E}{h} t}$, we obtain for Ψ on the left the (from right to left) advancing wave; on the right, however, the complex oscillatory phenomenon with a very large amplitude ($e^{lk'}$) that departs only slightly from a standing wave. This means nothing other than that the wave coming from the right is partly reflected and partly transmitted.

We thus see that the amplitude of the transmitted wave is smaller the smaller is the total energy E, and in fact the factor

$$e^{-lk'} = e^{\frac{2\pi \cdot \sqrt{2m}}{h}\sqrt{U_0-E} \cdot l}$$

plays an important role in this connection.

We can now solve the problem for two symmetrical potential barriers [Fig. 3]. We shall seek two solution.

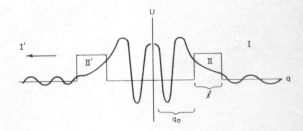

Figure 3:

One solution is to be valid for positive q, and for $q > q_0 + l$ is to give the wave:

$$Ae^{i(\frac{2\pi E}{h}t - kq + \alpha)}$$

세상에서 가장 쉬운 과학 수업 핵물리학

The other solution is valid for negative q, and for $q < -(q_0 + l)$ gives the wave

$$Ae^{i\left(\frac{2\pi El}{h} + qk' - \alpha\right)}.$$

We cannot attach the two solutions each other continuously at $q = 0$ since we have here two boundary conditions to fulfill and only one arbitrary constant α to adjust. The physical reason for this impossibility is that the Ψ – function constructed from these two solutions does not satisfy the conservation law

$$\frac{\partial}{\partial t} \int\limits_{-(q_0+l)}^{+(q_0+l)} \psi\bar{\psi}dq = 2 \cdot \frac{-h}{4\pi \cdot i \cdot m} \left[\psi \operatorname{grad} \bar{\psi} - \bar{\psi} \operatorname{grad} \psi\right]_I$$

To overcome these difficulties we must assume that the vibrations are damped and make E complex

$$E = E_0 + i\frac{h\lambda}{4\pi}$$

where E_0 is the usual energy and λ is the damping decrement (decay constant). We then see from the relations (2a) and (2b) that k and k' are complex, that is, that the amplitude of our wave also depends exponentially on the coordinate q. For example, for the running wave the amplitude in the direction of the diverging wave will increase. This means nothing more than that if the vibrations are damped at the source of the wave, the amplitude of the wave segment that left earlier must be larger. We can now determine α so that the boundary conditions are fulfilled. But the exact solution does not interest us. If λ is small compared to $\frac{E}{h}$ (for $Ra - c' \frac{E}{h} \cong \frac{10^{-5}}{10^{-27}}$ sec^{-1} = 10^{22}sec^{-1} and $\lambda = 10^5$sec^{-1}) the change in $\Psi(q)$ is very small and we can simply multiply the old solution with $e^{-\frac{\alpha}{2}t}$.

The conservation principle then reads

$$\frac{\partial}{\partial t} e^{-\lambda t} \int\limits_{-(q_0+l)}^{+(q_0+l)} \Psi_{II,III}^{(q)} \cdot \Psi_{II,\,III}^{(q)} \, dq = -2 \frac{A^2h}{4\pi \cdot i \cdot m} \cdot 2ik \cdot e^{-\lambda t},$$

from which we obtain

$$\lambda = \frac{4hk\sin^2\theta}{\pi m \left[1 + \left(\frac{k'}{k^0}\right)^2\right] 2(l+q_0)k} \cdot e^{-\frac{4\pi l\sqrt{2m}}{h}\sqrt{U_0 - E}}, \tag{5}$$

where k is a number of order of magnitude one.

This formula gives the dependence of the decay constant on the decay energy for our simple nuclear model.

Now we can go over to the case of the actual nucleus.

We cannot solve the corresponding wave equation because we do not know the exact formula for the potential in the neighborhood of the nucleus. But even without an exact knowledge of the potential we can carry over to the actual nucleus results obtained from our simple model.

As usual, in the case of a central force, we seek the solution in polar coordinates and, in fact, in the form

$$\Psi = u(\theta, \phi)\chi(r).$$

For u we obtain the spherical harmonics, and χ must satisfy the differential equation

$$\frac{d^2\chi}{dr^2} + \frac{2}{r}\frac{d\chi}{dr} + \frac{8\pi^2 m}{h^2} \cdot \left[E - U - \frac{h^2}{8\pi^2 m} \cdot \frac{n(n+1)}{r^2} \right] \cdot \chi = 0,$$

where n is the order of the spherical harmonic. We can place $n = 0$, since if $n > 0$, this would really be just as through the potential energy were enlarged, and because of this damping for these oscillations is much smaller. The particle must first pass over to the state $n = 0$ and can only then fly away.

It is quite possible that such transitions are the cause of the γ rays which always accompany α – emission. The probable shape of U is shown in [Fig. 4].

For large values of r, we shall take for χ the solution

$$\chi I = \frac{A}{r} \cdot e^{i(\frac{e\pi E}{h}t - kr)}$$

Even through we cannot obtain the exact solution of the problem in this case, we can still say that on the average in the regions I and I$'$, χ does not decrease very rapidly (in the three dimensional case like l/r).

In the region III, however, χ decreases exponentially, and in analogy with our simple case we may state that the relation between the amplitude decrease and E is given by the factor

$$e^{-\frac{2\pi\sqrt{2m}}{h}\int_{r_1}^{r_2}\sqrt{U - E}\, dr}$$

세상에서 가장 쉬운 과학 수업 핵물리학

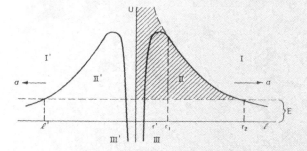

Figure 4:

If we use the conservation principle we can again write down the formula

$$\lambda = D \cdot e^{-\frac{2\pi\sqrt{2m}}{h} \int\limits_{r_1}^{r_2} \sqrt{U-E}\,dr} \tag{6}$$

where D depends on the particular properties of the nuclear model. We can neglect the dependence of D on E compared to its exponential dependence. We may also replace the integral

$$\int\limits_{r_1}^{r_2} \sqrt{U-E}\,dr$$

by the approximate integral

$$\int\limits_{0}^{\frac{2Ze^2}{E}} \sqrt{\frac{2Ze^2}{r}-E}\cdot dr$$

The relative error we introduce in this way is of the order of $\sqrt{\frac{r_1}{r_2}}$. Since r_1/r_2 is small, this error is not very large. Since E does not differ much for different radioactive elements, we write as an approximation

$$\log \lambda = \text{const}_E + B_E \cdot \Delta E,$$

... where

$$B_E = \frac{\pi^2 \sqrt{2m} \cdot 2Ze^2}{hE^{3/2}}. \qquad (7)$$

We wish to compare this formula with the experimental results. It is known that if we plot the logarithm of the decay constant against the energy of the emitted α-particle, all the points for a definite radioactive family fall on a straight line. For different families we obtain different parallel lines. The empirical formula reads

$$\log \lambda = \text{const} + bE$$

where b is a constant that is common to all radioactive families.

The experimental value of b is $b_{exp} = 1.02 \times 10^7$ (calculated from Ra–A and Ra).

If we put the energy value for Ra–A into our formula, we get

$$b_{theoretical} = 0.7 \times 10^7$$

This order of magnitude agreement shows that the basic assumptions of our theory must be correct ...

ON CLOSED SHELLS IN NUCLEI. II

Maria G. Mayer

April, 1949

Feenberg[1],[2] and Nordheim[3] have used the spins and magnetic moments of the even-odd nuclei to determine the angular momentum of the eigenfunction of the odd particle. The tabulations given by them indicate that spin orbit coupling favors the state of higher total angular momentum. If strong spin orbit coupling, increasing with angular momentum is assumed, a level assignment encounters a very few contradictions with experimental facts and requires no major crossing of the levels from those of a square well potential. The magic numbers 50, 82, and 126 occur at the place of the spin-orbit splitting of levels of high angular momentum.

Table 1 contains in column two in order of decreasing binding energy the levels of the square well potential. The quantum number gives the number of radial nodes. Two levels of the same quantum number gives the number of radial nodes. Two levels of the same quantum number cannot cross for any type of potential well, except due to spin-orbit splitting. No evidence of any crossing is found. Column three contains the usual spectroscopic designation of the levels, as used by Nordheim and Feenberg. Column one groups together those levels which are degenerate for a three-dimensional isotropic oscillator potential. A well with rounded corners

(1) Eugene Feenberg, PHYS. REV. 75, 320, (1949)
(2) Eugene Feenberg, PHYS. REV. (1949)
(3) Lothar Nordheim, PHYS. REV. (1949)
The author is indebted to these authors for having obtained copies of both (2) and (3) before publication.

1

DISCLAIMER

세상에서 가장 쉬운 과학 수업 핵물리학

DISCLAIMER

Portions of this document may be illegible in electronic image products. Images are produced from the best available original document.

will have a behavior in between these two potentials. The shell grouping is given in column five, with the numbers of particles per shell and the total number of particles up to and including each shell in column six and seven respectively.

Within each shell the levels may be expected to be close in energy, and not necessarily in the order of the table, although the order of levels of the same orbital angular momentum and different spin should be maintained. Two exceptions, $_{11}Na^{23}$ with spin 3/2 instead of the expected $d_{5/2}$, and $_{25}Mn^{55}$ with 5/2 instead of the expected $f_{7/2}$, are the only violations.

Table 2 lists the known spins and orbital assignments from magnetic moments[4] when these are known and unambiguous, for the even-odd nuclei up to 83. Beyond 83 the data is limited and no exceptions to the assignment appear.

Up to Z or N = 20 the assignment is the same as that of Feenberg and Nordheim. At the beginning of the next shell, $f_{7/2}$ levels occur at 21 and 23, as they should. At 28 the the $f_{7/2}$ levels should be filled, and no spins of 7/2 are encountered any more in this shell. This subshell may contribute to the stability of Ca^{48}. If the $g_{9/2}$ level did not cross the $p_{1/2}$ or $f_{5/2}$ levels, the first spin of 9/2 should occur at 41, which is indeed the case. Three nuclei with N or Z = 49 have $g_{9/2}$ orbits. No s or d levels should occur in this shell and there is no evidence for any.

The only exception to the proposed assignment in this shell is the spin 5/2 instead of 7/2 for Mn^{55} and the fact that the magnetic moment of

---

(4) H. H. Goldsmith and D. R. Inglis, the Properties of Atomic Nuclei. I., Information and Publications Division, Brookhaven National Laboratory.

$_{27}Co^{59}$ indicates a $g_{7/2}$ orbit instead of the expected $f_{7/2}$.

In the next shell two exceptions to the assignment occur. The spin of 1/2 for Mo^{95} with 53 would be a violation, but is experimentally doubtful. The magnetic moment of Eu^{153} indicates $f_{5/2}$ instead of the predicted $d_{5/2}$. No $h_{11/2}$ levels appear. It seems that these levels are filled in pairs only which does not seem a serious drawback of the theory as this tendency already shows up at the filling of the $g_{9/2}$ levels. Otherwise, the agreement is satisfactory. The shell begins with $_{51}Sb$, which has two isotopes with $d_{5/2}$ and $g_{7/2}$ levels respectively, as it should. The Thallium isotopes with 81 neutrons and a spin of 1/2 indicate a crossing of the $h_{11/2}$ and $3s$ levels. This is not surprising, since the energies of these levels are close together in the square well. The assignment demands that there be no spins of 9/2 in this shell, and none have been found. No f or p levels should occur and, except for Eu^{153}, there is no indication of any.

The spin and magnetic moment of $_{83}Bi$, indicating an $h_{9/2}$ state, is a beautiful confirmation of the correct beginning of the next shell. Here information begins to be scarce. The spin and magnetic moment of Pb^{207} with 125 neutrons interpret as $p_{1/2}$. This is the expected end of the shell since $7i$ and $4p$ have practically the same energy in the square well model. No spins of 11/2 and no s, d or g orbits should occur in this shell and the data indicates none.

The prevalence of isomerism in certain regions of the isotope chart, noticed by both Feenberg and Nordheim, is readily understood by this assignment. Long-lived isomeric states will occur in regions where levels of very different spin lie close together. These regions lie toward the end of the shells of 50, 82, and 126, where the levels of lowest angular momentum of one oscillator level almost coincide in energy with those of highest angular momentum from the next oscillator level. One is lead to the prediction that for nuclei of odd A isomerism should occur between $39 \le Z$ or $N \le 49$. This is the region where the $g_{9/2}$ and $p_{1/2}$ levels have closely the same energy and compete for the ground state. From 51 on there is a competition between $g_{7/2}$ and $d_{5/2}$, which would not lead to long-lived isomers. Later in the shell, from about 65 on, competition should occur between the $h_{11/2}$ and the $s_{1/2}$ and $d_{3/2}$ levels, and the occurrence of isomerism is predicted between $65 \le Z$ or $N \le 81$. The beginning of the new shell should again be free of isomerism. The experimental facts bear out the conclusions exceedingly well. Below are listed the number of long-lived isomeric states known and listed as A in the table by Seaborg and Perlman. Only isomers of odd A are used, and these are attributed to the odd one of the numbers N or Z.

N or Z =	29	31 - 37	39	41	43	45	47	49	51 - 61
No of isomers =	1	0	3	3	3	2	5	4	0

N or Z =	63	65	67	69	71	73	75	77	79	81	83 - 93
No of isomers =	1	1	1	4	1	2	2	2	2	2	0

In both regions, the level of high spin has opposite parity to the one of low spin. Consequently, one would expect electric 5th pole and magnetic 4th pole radiation to occur, but not electric 4th pole.

The assignment of orbits makes possible the prediction of spin and parity in cases in which the spin has not been observed. Since spin change and change of parity determine the selection rules for β – decay, it should be possible to test the theory against experiment. Work on this is in progress.

TABLE I.

Osc. No.	Square Well	Spect. term	Spin term	No. of States	Shells	Total No.
0	1s	1s	$1s_{1/2}$	2	2	2
1	1p	2p	$1p_{1/2}$ $1p_{3/2}$	4, 2	v6	8
2	1d	3d	$1d_{5/2}$ $1d_{3/2}$	6, 4	12	
	2s	2s	$2s_{1/2}$	2		20
3	1f	4f	$1f_{7/2}$ $1f_{5/2}$	8, 6	8?	28?
	2p	3p	$2p_{3/2}$ $2p_{1/2}$ $1g_{9/2}$	4, 2, 10	22	50
4	1g	5g	$1g_{7/2}$ $2d_{5/2}$ $2d_{3/2}$	8, 6, 4	32	
	2d	4d	$3s_{1/2}$ $1h_{11/2}$	2, 12		82
	3s	3s				
5	1h	6h	$1h_{9/2}$ $2f_{7/2}$ $2f_{5/2}$	10, 8, 6	44	
	2f	5f	$3p_{3/2}$ $3p_{1/2}$ $1i_{13/2}$	4, 2, 14		126
	3p	4p				
6	1i	7i	$1i_{11/2}$			
	2g	6g				
	3d	5d				
	4s	4s				

TABLE 2
SPINS OF EVEN-ODD NUCLEI

No. of neutrons or protons	Odd Protons — Element	Mass No.	Orbit	Mass No.	Orbit	Odd Neutrons — Element	Mass No.	Orbit	SPIN s 1/2	p 1 · 3/2	d 2 · 5/2	f 3 · 7/2	g 4 · 9/2	No. odd p or n	Levels
1	H	1	s	3	s	He	3	s	OX					1	1s
3	Li	7	p							X				3	p3/2
5	B	11	p			Be	9	p		OX				5	
7	N	15	p			C	13	p	OX					7	p1/2
9	F	19	s						X					9	
11	Na	23								X				11	d5/2
13	Al	27	d								X			13	
15	P	31							X					15	s1/2
17	Cl	35	d	37	d	S	33			OX				17	d3/2
19	K	39	d	41	d					X				19	
21	Sc	45	f									X		21	f7/2
23	V	51										X		23	
25	Mn	55									X			25	
27	Co	59	g									X		27	
29	Cu	63		65						X				29	p3/2
31	Ga	69								X				31	
33	As	75								X				33	
35	Br	79		81						X				35	f5/2
37	Rb	85	f(5/2)	87	p(3/2)	Zn	67	f		X	OX			37	
39	Y	89							X					39	p1/2
41	Cb	93	g										X	41	g9/2
43	Tc					Se	77		O					43	
45	Rh													45	
47	Ag	107	p	109	p	Kr	83	g	X				O	47	
49	In	113	g	115	g	Sr	87	g					OX	49	
51	Sb	121	d(5/2)	123	g(7/2)						X	X		51	g7/2
53	I	127				Mo	95				OX			53	d5/2
55	Cs	133	g	137	g							X		55	
57	La	139	g									X		57	
59	Pr	141									X			59	
61	Pm													61	
63	Eu	151		153	f	Cd	111	s	O		X			63	h11/2
65	Tb	159				Cd	s, Sn	s	O	X				65	
67	Ho	165				Sn	117	s	O			X		67	
69	Tm					Sn	119	s	OX					69	
71	Lu	175	g									X		71	
73	Ta	181	g									X		73	
75	Re	185				Xe	129	s	O		X			75	
77	Ir	191	(1/2)	193	(3/2)	Xe	131	d	X	OX				77	d3/2
79	Au	197	d			Ba	135	d		OX				79	
81	Tl	203		205		Ba	137	d	X	O				81	s1/2
83	Bi	209	h										X	83	h9/2

세상에서 가장 쉬운 과학 수업 핵물리학

On the Interaction of Elementary Particles

H. Yukawa

(Received 1935)

At the present stage of the quantum theory little is known about the nature of interaction of elementary particles, Heisenberg considered the interaction of "Platzwechsel" between the neutron and the proton to be of importance to the nuclear structure.

Recently Fermi treated the problem of β-disintegration on the hypothesis of "neutrino". According to this theory, the neutron and the proton can interact by emitting and absorbing a pair of neutrino and electron. Unfortunately the interaction energy calculated on such assumption is much too small to account for the binding energies of neutrons and protons in the nucleus.

To remove this defect, it seems natural to modify the theory of Heisenberg and Fermi in the following way. The transition of a heavy particle from neutron state to proton state is not always accompanied by the emission of light particles, i.e., a neutrino and an electron, but the energy liberated by the transition is taken up sometimes by another heavy particle, which in turn will be transformed from proton state into neutron state. If the probability of occurrence of the latter process is much larger than that of the former, the interaction between the neutron and the proton will be much larger than in the case of Fermi, whereas the probability of emission of light particles is not affected essentially.

Now such interaction between the elementary particles can be described by means of a field of force, just as the interaction between the charged particles is described by the electromagnetic field. The above considerations show that the interaction of heavy particles with this field is much larger than that of light particles with it.

In the quantum theory this field should be accompanied by a new sort of quantum, just as the electromagnetic field is accompanied by the photon.

In this paper the possible natures of this field and the quantum accompanying it will be discussed briefly and also their bearing on the nuclear structure will be considered.

Besides such an exchange force and the ordinary electric and magnetic forces there may be other forces between the elementary particles, but we disregards the latter for the moment.

Fuller account will be made in the next paper.

Field Describing the Interaction

In analogy with the scalar potential of the electromagnetic field, a function $U(x, y, z, t)$ is introduced to describe the field between the neutron and the proton. This function will satisfy an equation similar to the wave equation for the electromagnetic potential.

Now the equation

$$\left\{ \Delta - \frac{1}{c^2} \frac{\partial^2}{\partial t^2} \right\} U = 0 \tag{1}$$

has only static solution with central symmetry $\frac{1}{r}$, except the additive and the multiplicative constants. The potential of force between the neutron and proton should, however, not be of Coulomb type, but decrease more rapidly with distance. It can expressed, for example by

$$| \text{ or } \quad g^2 \frac{e^{-\lambda r}}{r}, \tag{2}$$

where g is a constant with the dimension of electric charge, i.e., cm.$^{3/2}$ sec.$^{-1}$ gr.$^{1/2}$ and λ with the dimension cm.$^{-1}$

Since this function is a static with central symmetry of the wave equation

$$\left\{ \Delta - \frac{1}{c^2} \frac{\partial^2}{\partial t^2} - \lambda^2 \right\} U = 0, \tag{3}$$

let this equation be assumed to be the correct equation for U in vacuum. In the presence of the heavy particles, the U–field interacts with them and causes the transition from neutron state to proton state.

Now, if we introduce the matrices

$$\tau_1 = \begin{pmatrix} 0 & 1 \\ 1 & 0 \end{pmatrix}, \quad \tau_2 = \begin{pmatrix} 0 & -i \\ i & 0 \end{pmatrix}, \quad \tau_3 = \begin{pmatrix} 1 & 0 \\ 0 & -1 \end{pmatrix}$$

and denote the neutron state and the proton state by $\tau_3 = 1$ and $\tau_3 = -1$ respectively, the wave equation is given by

$$\left\{ \Delta - \frac{1}{c^2} \frac{\partial^2}{\partial t^2} - \lambda^2 \right\} U = -4\pi g \tilde{\Psi} \frac{\tau_1 - i\tau_2}{2} \Psi, \tag{4}$$

where Ψ denoted the wave function of the heavy particles, being a function of time, position, spin as well as τ_3', which takes the value either 1 or -1.

Next, the conjugate complex function $\tilde{U}(x, y, z, t)$, satisfying the equation

$$\left\{\Delta - \frac{1}{c^2}\frac{\partial^2}{\partial t^2} - \lambda^2\right\} \tilde{U} = -4\pi g\tilde{\Psi}\,\frac{\tau_1 + i\tau_2}{2}\,\Psi, \tag{5}$$

is introduced, corresponding to the inverse transition from proton to neutron state.

Similar equation will hold for the vector function, which is the analogue of the vector potential of the electromagnetic field. However, we disregard it for the moment, as there's no correct relativistic theory for the heavy particles. Hence simple non–relativistic wave equation neglecting spin will be used for the heavy particle, it the following way

$$\left\{\frac{h^2}{4}\left(\frac{1+\tau_3}{M_N} + \frac{1-\tau_3}{M_P}\right)\Delta + ih\frac{\partial}{\partial t} - \frac{1+\tau_3}{2}M_Nc^2 - \frac{1-\tau_3}{2}M_Pc^2 \right.$$
$$\left. -g\left(\tilde{U}\,\frac{\tau_1 - i\tau_2}{2} + U\,\frac{\tau_1 + i\tau_2}{2}\right)\right\}\Psi = 0, \tag{6}$$

where h is Planck's constant divided by 2π and M_N, M_P are the masses of the neutron and the proton respectively. The reason for taking the negative sign in front of g will be mentioned later.

The equation (6) corresponds to the Hamiltonian

$$H = \left(\frac{1+\tau_3}{4M_N} + \frac{1-\tau_3}{4M_P}\right)\vec{p}^{\,2} + \frac{1+\tau_3}{2}M_Nc^2 + \frac{1-\tau_3}{2}M_Pc^2$$
$$+g\left(\tilde{U}\,\frac{\tau_1 - i\tau_2}{2} + U\,\frac{\tau_1 + i\tau_2}{2}\right) \tag{7}$$

where $\vec{p}$ is the momentum of the particle. If we put $M_Nc^2 - M_Pc^2 = D$ and $M_N + M_P = 2M$, the equation (7) becomes approximately

$$H = \frac{\vec{p}^{\,2}}{2M} + \frac{g}{2}\left\{\tilde{U}\,(\tau_1 - i\tau_2) + U\,(\tau_1 + i\tau_2)\right\} + \frac{D}{2}\,\tau_3, \tag{8}$$

where the constant term Mc^2 omitted.

Now consider two heavy particles at point (x_1, y_1, z_1) and (x_2, y_2, z_2) respectively and assume their relative velocity to be small. The field at (x_1, y_1, z_1) due to the particle at (x_2, y_2, z_2) are, from (4) and (5),

$$\left.\begin{array}{l}
U\,(x_1,\ y_1,\ z_1) = g\,\dfrac{e^{-\lambda\tau_{12}}}{\tau_{12}}\dfrac{\left(\tau_1^{(2)} - i\tau_2^{(2)}\right)}{2} \\[4mm]
\qquad\text{and} \\[4mm]
\tilde{U}\,(x_1,\ y_1,\ z_1) =\ g\dfrac{e^{-\lambda\tau_{12}}}{\tau_{12}}\dfrac{\left(\tau_1^{(2)} - i\tau_2^{(2)}\right)}{2},
\end{array}\right\} \tag{9}$$

where $(\tau_1^{(1)},\ \tau_2^{(1)},\ \tau_3^{(1)})$ and $(\tau_1^{(2)},\ \tau_2^{(2)},\ \tau_3^{(2)})$ are the matrices relating to the first and the second particles respectively, and τ_{12} is the distance between them.

Hence the Hamiltonian for the system is given, in the absence of the external fields by,

$$
\begin{aligned}
H = \ & \frac{\vec{p}_1^{\,2}}{2M} + \frac{\vec{p}_2^{\,2}}{2M} + \frac{g^2}{4} \left\{ \left(\tau_1^{(1)} - i\tau_2^{(1)} \right) \left(\tau_1^{(2)} + i\tau_2^{(2)} \right) \right. \\
& \left. + \left(\tau_1^{(1)} + i\tau_2^{(1)} \right) \left(\tau_1^{(2)} - i\tau_2^{(2)} \right) \right\} \frac{e^{-\lambda\tau_{12}}}{\tau_{12}} + \left(\tau_3^{(1)} + \tau_3^{(2)} \right) D = \\
& \frac{\vec{p}_1^{\,2}}{2M} + \frac{\vec{p}_2^{\,2}}{2M} + \frac{g^2}{2} \left(\tau_1^{(1)}\tau_1^{(2)} + \tau_2^{(1)}\tau_2^{(2)} \right) \frac{e^{-\lambda\tau_{12}}}{\tau_{12}} + \left(\tau_3^{(1)} + \tau_3^{(2)} \right) D,
\end{aligned}
\tag{10}
$$

where $\vec{p}_1, \vec{p}_2$ are the momenta of the particles.

This Hamiltonian is equivalent to Heisenberg's Hamiltonian, if we take for "Platzwechselintegral"

$$
J(\tau) = -g^2 \, \frac{e^{-\lambda r}}{r}, \tag{11}
$$

except that the interaction between the neutrons and the electrostatic repulsion between the protons are not taken into account. Heisenberg took the positive sign for $J(r)$, so that the spin of the lowest energy state of H^2 was 0, whereas in our case, owing to the negative sign in front of g^2, the lowest energy state has the spin 1, which is required from the experiment.

Two constants g and λ appearing in the above equations should be determined by comparison with experiment. For example, using the Hamiltonian (10) for heavy particles, we can calculate the mass defect of H^2 and the probability of scattering of a neutron by a proton provided that the relative velocity is small compared with the light velocity.

Rough estimation shows that the calculated values agree with the experimental results, if we take for λ the value between 10^{12} cm^{-1}. and 10^{13} cm^{-1}. and for g a few times of the elementary charge e, although no direct relation between g and e was suggested in the above considerations.

Nature of the Quanta Accompanying the Field

The U–field above considered should be quantized according to the general method of the quantum theory. since the neutron and the proton both obey fermi's statistics, the quanta accompanying the U–field should obey Bose's statistics and the quantization can be carried out the line similar to that of the electromagnetic field.

The low of conservation of the electric charge demands that the quantum should have charge either $+e$ or $-e$. The field quantity U corresponds to the operator which increases the number of negatively charged quanta and decreases the number of positively charged quanta by one respectively. $\tilde{U}$, which is the complex conjugate of U, corresponds to the inverse operator.

Next, denoting

$$p_x = -ih\,\frac{\partial}{\partial x}, \quad \text{etc.,} \quad W = ih\,\frac{\partial}{\partial t},$$

$$m_U c = \lambda h,$$

the wave equation for U in free space can be written in the form

$$\left\{ p_x^2 + p_y^2 + p_z^2 - \frac{W^2}{c^2} + m_U c^2 \right\} U = 0, \tag{12}$$

so that the quantum accompanying the field has the proper mass $m_U = \frac{\lambda h}{c}$.

Assuming $\lambda = 5 \times 10^{12}$ cm^{-1}., we obtain for m_U a value 2×10^2 times as large as the electron mass. as such a quantum with large mass and positive or negative charge has never been found by the experiment, the above theory seems to be on a wrong line. We can show, however, that, in the ordinary nuclear transformation, such a quantum can not be emitted into outer space.

Let us consider, for example, the transition from a neutron state of energy W_N to a proton state of energy W_P, both of which include the proper energies. These states can be expressed by the wave function

$$\Psi_N(x, y, z, t,\ 1) = u(x, y, z)e^{-iW_N t/h}, \quad \Psi_N(x, y, z, t,\ -1) = 0$$

and

$$\Psi_P(x, y, z, t,\ 1) = 0, \quad \Psi_P(x, y, z, t\ -1) = \nu(x, y, z)e^{-iW_P t/h},$$

so that, on the right hand side of the equation (4), the term

$$-4\pi g \tilde{\nu} u e^{-it(W_N - W_P)/h}$$

appears.

Putting $U = U'(x, y, z)e^{i\omega t}$, we have from (4)

$$\left\{ \Delta - \left(\lambda^2 - \frac{\omega^2}{c^2} \right) \right\} U' = -4\pi g \tilde{\nu} u, \tag{13}$$

where $\omega = \frac{W_N - W_P}{h}$. Integrating this, we obtain a solution

$$U'(\overrightarrow{r}) = g \int \int \int \frac{e^{-\mu|r-r'|}}{|\overrightarrow{r} - \overrightarrow{r}'|}\, \tilde{\nu}(\overrightarrow{r}')u(\overrightarrow{r}')d\nu', \tag{14}$$

$$\text{where } \mu = \sqrt{\lambda^2 - \frac{\omega^2}{c^2}}.$$

If $\lambda > \frac{|\omega|}{c}$ or $m_U c^2 > |\,W_N - W_P\,|$, μ is real and the function $J(r)$ of Heisenberg has the form $-g^2\,\frac{e^{-\mu r}}{r}$, in which μ, however, depends on $|\,W_N - W_P\,|$, becoming smaller and smaller as the latter approaches $m_U c^2$. This means that the range of interaction between a neutron and a proton increases as $|\,W_N - W_P\,|$ increases.

Now the scattering (elastic or inelastic) of a neutron by a nucleus can be considered as the result of the following double process: the neutron falls into a proton level in the nucleus and a proton in the latter jumps to a neutron state of positive kinetic energy, the total energy being conserved throughout the process. The above argument, then shows that the probability of scattering may in some cases increase with the velocity of the neutron.

According to the experiment of Bonner, the collision cross section of the neutron increases, in fact, with the velocity in the case of lead whereas it decreases in the case of carbon and hydrogen, the rate of decrease being slower in the former than the latter. The origin of this effect is not clear, but the above considerations do not, at least, contradict it. For, if the binding energy of the proton in the nucleus becomes comparable with $m_U c^2$, the range of interaction of the neutron with the former will increase considerable with the velocity of the neutron, so that the cross section will decrease slower in such case than in the case of hydrogen, i.e., free proton. Now the binding energy of the proton in C^{12}, which is estimated from the difference of masses of C^{12} and B^{11}, is

$$12,0036 - 11,0110 = 0,9926.$$

This corresponds to a binding energy $0,0152$ in mass unit, being thirty times the electron mass. Thus in the case of carbon we can expect the effect observed by Bonner. The arguments are only tentative, other explanations being, of course, not excluded.

Next if $\lambda < \frac{|\omega|}{c}$ or $m_U c^2 < | W_N - W_P |$, μ becomes pure imaginary and U expresses spherical undamped wave, implying that a quantum with energy greater than $m_U c^2$ can be emitted in outer space by the transition of the heavy particle from neutron state to proton state, provided that $| W_N - W_P | > m_U c^2$.

The velocity of U–wave is greater but the group velocity is smaller than the light velocity c, as in the case of the electron wave.

The reason why such massive quanta, if they ever exist, are not yet discovered may be ascribed to the fact that the mass m_U is so large that condition $| W_N - W_P | > m_U c^2$ is not fulfilled in ordinary nuclear transformation.

§ 4. Theory of β – Disintegration

Hitherto we have considered only the interaction of U–quanta with heavy particles. Now, according to our theory, the quantum emitted when a heavy particle jumps from a neutron state to a proton state can be absorbed by a light particle which will then in consequence of energy absorption rise from a neutrino state of negative energy to an electron state of positive energy. thus an anti–neutrino and an electron are emitted simultaneously from the nucleus. Such intervention of a massive quantum does not alter essentially the probability of β-disintegration, which has been calculated on the hypothesis of direct coupling of a heavy particle and a light particle, just as, in the theory of internal conversion of γ-ray, the intervention of the proton does not affect the final result. Our theory, therefore, does not differ essentially from Fermi's theory.

Fermi considered that an electron and a neutrino are emitted simultaneously from the radioactive nucleus, but this is formally equivalent to the assumption that a light particle jumps from a neutrino state of negative energy to an electron state of positive energy.

For, if the eigenfunctions of the electron and the neutrino be Ψ_k, ϕ_k respectively, where $k = 1, 2, 3, 4$, a term of the form

$$-4\pi g' \sum_{k=1}^{4} \tilde{\psi}_k \phi_k \qquad (15)$$

should be added to the right hand side of the equation (5) for $\hat{U}$, where g' is a new constant with the same dimension as g.

Now the eigenfunctions of the neutrino state with energy and momentum just opposite to those of the state ϕ_k is given by $\phi'_k = -\delta_{kl}\tilde{\phi}_l$ and conversely $\phi_k = \delta_{kl}\tilde{\phi}_{l'}$, where

$$\delta = \begin{pmatrix} 0 & -1 & 0 & 0 \\ 1 & 0 & 0 & 0 \\ 0 & 0 & 0 & 1 \\ 0 & 0 & -1 & 0 \end{pmatrix},$$

so that (15) becomes

$$-4\pi g' \sum_{k,l=1}^{4} \tilde{\psi}_k \delta_{kl} \tilde{\phi}'_l. \qquad (16)$$

From equations (13) and (15), we obtain for the matrix element of the interaction energy of the heavy particle and the light particle an expression

$$gg' \int \cdots \int \tilde{\nu}(\overrightarrow{r}_1) u(\overrightarrow{r}_1) \sum_{k=1}^{4} \tilde{\psi}_k(\overrightarrow{r}_2) \phi_k(\overrightarrow{r}_2) \frac{e^{-\lambda r_{12}}}{r_{12}} \, dv_1 dv_2, \qquad (17)$$

corresponding to the following double process: a heavy particle falls from the neutron state with the eigenfunction $u(\overrightarrow{r})$ into the proton state with the eigenfunction $\nu(\overrightarrow{r})$ and simultaneously a light particle jumps from the neutrino state $\phi_k(\overrightarrow{r})$ of negative energy to the electron state $\psi_k(\overrightarrow{r})$ of positive energy. In (17) λ is taken instead of μ, since the difference of energies of the neutron state and the proton state, which is equal to the sum of the upper limit of the energy spectrum of β-rays and the proper energies of the electron and the neutrino, is always small compared with $m_U c^2$.

As λ is much larger than the wave numbers of the electron state and the neutrino state, the function $\frac{e^{-\lambda r_{12}}}{r_{12}}$ can be regards approximately as a δ-function multiplied by $\frac{4\pi}{\lambda^2}$ for the integrations with respect to x_2, y_2, z_2.

The factor $\frac{4\pi}{\lambda^2}$ comes from

$$\int\int\int \frac{e^{-\lambda r_{12}}}{r_{12}}\,d\nu_2 = \frac{4\pi}{\lambda^2}.$$

Hence (17) becomes

$$\frac{4\pi gg'}{\lambda^2}\int\int\int \tilde{\nu}(\overrightarrow{r})u(\overrightarrow{r})\sum_k \tilde{\psi}_k(\overrightarrow{r})\phi_k(\overrightarrow{r})d\nu \tag{18}$$

or by (16)

$$\frac{4\pi gg'}{\lambda^2}\int\int\int \tilde{\nu}(\overrightarrow{r})u(\overrightarrow{r})\sum_{k,l} \tilde{\psi}(\overrightarrow{r})\delta_{kl'}\tilde{\phi}'_l(\overrightarrow{r})d\nu, \tag{19}$$

which is the same as the expression (21) of Fermi, corresponding to the emission of a neutrino and an electron of positive energy states $\phi'_k(\overrightarrow{r})$ and $\psi_k(\overrightarrow{r})$, except that the factor $\frac{4\pi gg'}{\lambda^2}$ is substituted for Fermi's g.

Thus the result is the same as that of Fermi's theory, in this approximation, if we take

$$\frac{4\pi gg'}{\lambda^2} = 4\times 10^{-50}\mathrm{cm}^3.\mathrm{erg},$$

from which the constant g' can be determined. Taking, for example, $\lambda = 5\times 10^{12}$ and $g = 2\times 10^{-9}$, we obtain $g' \cong 4\times 10^{-17}$, which is about 10^{-8} times as small as g.

This means that the interaction between the neutrino and the electron is much smaller than between the neutron and the proton so that the neutrino will be far more penetrating than the neutron and consequently more difficult to observe. The difference of g and g' may be due to the difference of masses of heavy and light particles.

Summary

The interactions of elementary particles are described by considering a hypothetical quantum which has the elementary charge and the proper mass and which obeys Bose's statistics. The interaction of such a quantum with the heavy particle should be far greater than that with the light particle in order to account for the large interaction of the neutron and the proton as well as the small probability of β-disintegration.

Such quanta, if they ever exist and approach the matter close enough to be absorbed, will deliver their charge and energy to the latter. If, then, the quanta with negative charge come out in excess, The matter will be charged to a negative potential.

세상에서 가장 쉬운 과학 수업 핵물리학

These arguments, of course, of merely speculative character, agree with the view that the high speed positive particles in the cosmic rays are generated by the electrostatic field of the earth, which is charged to a negative potential.

The massive quanta may also have some bearing on the shower produced by cosmic rays.

Progress of Theoretical Physics, Vol. 5, No. 4, July—August, 1950

The Yukawa Theory of Nuclear Forces in the Light of Present Quantum Theory of Wave Fields.

W. HEISENBERG

Max Planck-Institut für Physik, Göttingen.

(Received June 5, 1950)

The Yukawa theory of nuclear forces[1] has led to many successes and, owing to the present state of quantum theory, to some difficulties. Among the successes one remembers first the existence of the π-meson and the possibility of describing the spin dependency and the saturation of nuclear forces by means of simple vector fields or pseudo-scalar fields. Among the difficulties we mention the divergence of the interaction at small distances of the nucleons and the impossibility of getting the correct mass defect for heavy nuclei when one takes the constants of the Yukawa field from the mass defect of light nuclei.[2] Furthermore, the existence of closed neutron and proton shells in the nucleus[3] and the behaviour of the cross section for elastic collisions of nucleons at very high energies indicate, that the Yukawa potential is not correct at small distances of the nucleons.

These difficulties cannot be really solved yet; but the recent progress in quantum theory of wave fields[4] shows so clearly the way towards the solution of these problems, that it may be worth while to discuss this way, even if it is still too early to work it out in the mathematical details.

In the relativistic quantum theory of wave fields we have learned, that the divergent results arise from the singularities in the commutation function. Therefore the correct theory will have to start with a *regular* commutation function. This starting point leads to a number of problems, which have been dealt with recently in many papers.[5] We mention the most important results: The wave function that obeys a regular commutation rule, corresponds necessarily to several different types of elementary particles, not only to one type. This implies, that nucleons interact, as Bhabha[6] has suggested, not only by means of π-mesons but also by other types of particles, in such a way, that the singularity of the force at small distances will disappear. Furthermore, the two coordinated wave functions, that obey the regular commutation rule, cannot be hermitian conjugates in the ordinary sense.[5] This leads probably to a change in the hamiltonian formalism in the range of the " smallest length " l_0 ($l_0 \sim 10^{-13}$ cm), which corresponds to a lack of point-to-point causality, again tending to wash out singularities of the field.

세상에서 가장 쉬운 과학 수업 핵물리학

Thereby already many of the difficulties may have disappeared. The potential inside a nucleus will now be rather smooth, certainly much smoother than one would expect from potentials of the type $\frac{1}{r}e^{-\varkappa r}$ or the corresponding tensor force potential.   As a result there will be only small forces acting upon a nucleon inside a nucleus; it is only at the surface of the nucleus that the nucleons will be pulled back into the nucleus by strong forces.   This explains quite naturally the existence of separated neutron and proton orbits and closed shells in the nucleus.

The order of the closed shells can be understood, according to Haxel, Jensen, Suess[5] and Göppert-Mayer,[3] from a strong spin-orbit coupling of every nucleon. Gaus[7] has shown that this strong spin-orbit coupling results under certain conditions immediately from the vector-meson theory of Yukawa.   Therefore one may at this point conclude from the experiments, that at larger distances of two nucleons the symmetrical vector meson theory with the mass of the π-meson will probably give a fairly good approximation, while at smaller distances the higher masses will come into play and the deviations from the hamiltonian formalism will make the definition of a potential rather doubtful, as it was expected long ago from the concept of the " smallest length."[8]

The existence of neutral mesons, possibly of the scalar type, may produce forces without the property of saturation. This would explain naturally the rather large mass defects of heavy nuclei as compared to the mass defects of light nuclei.   The observed saturation would then, as Teller[9] has suggested, probably be brought about by the non-linear interaction terms in the field equation, which prevent the Yukawa field to increase above a certain value

Another difficulty for the vector-meson theory was the sign of the quadrupole-moment of the deuteron, which seemed to favour the pseudo-scalar rather than the vector theory.   The quadrupole moment of the deuteron is determined by the tensor force, which depends strongly on the potential at small distances; the mass defect and the spin-orbit coupling depend more strongly on the outer part of the potential function.   Therefore the higher masses and the deviation from Hamilton formalism may be decisive for the quadrupole moment of the deuteron, while the mass defect and the spin-orbit coupling are mainly produced by the vector field of the normal π-mesons.

Finally the cross-section for elastic collision of very fast nucleons will decrease more rapidly with increasing energy than one would expect from the Yukawa potential $\frac{1}{r}e^{-\varkappa r}$ and the corresponding tensor potential. One may express this mathematical result by stating, that the introduction of the " smallest length " l_0 in the primary commutation function leads also to a " largest force " of the order l_0^{-2} (or in ordinary units $\frac{\hbar c}{l_0^2}$), so that a momentum transfer of much more than $\frac{\hbar}{l_0}$ in an elastic collision will be a rather rare event. The collision of very energetic nucleons will instead as a rule lead to the creation of new particles, first of π-mesons and at still higher energies of other masses. The quantitative question at which energies the deviations from the simple Yukawa potential appear cannot yet be solved.

References.

1) H. Yukawa, Proc. Phys.-Math. Soc. Jap. 17 (1935), 48.
2) Compare f. i. H. Euler, ZS f. Phys. 105 (1937), 553, or H. Primakoff and T. Holstein, Phys. Rev. 55 (1938), 1218.
3) O. Haxel, J. H. D. Jensen u. H. E. Suess, Naturwiss. 35 (1948), 376; 36 (1949), 153; Phys. Rev. 75 (1949), 1766, and M. Goeppert-Mayer, Phys. Rev. 75 (1949), 1969.
4) S. Tomonaga, Prog. Theor. Phys. 1 (1946), 27; Phys. Rev. 74 (1948), 224; R. P. Feynman, Phys. Rev. 74 (1948), 939, 1430; J. Schwinger, Phys. Rev. 74 (1948), 1439; 75 (1949) 651; 75 (1945), 790; F. J. Dyson, Phys. Rev. 75 (1949), 486, 1736.
5) Compare W. Heisenberg, Zur Quantentheorie der Elementarteilchen, ZS. f. Naturforschung, to appear shortly, which contains a number of references of the most important papers.
6) H. J. Bhabha, Phys. Rev. 77 (1950), 665.
7) H. Gaus, ZS f. Naturforschung 4a (1949), 721.
8) W. Heisenberg, Ann. d. Phys. 32 (1938), 20.
9) E. Teller, Private communication.

위대한 논문과의 만남을 마무리하며

이 책은 핵력 이론을 제창한 유카와의 1935년 논문에 초점을 맞추었다. 하지만 이 논문이 나올 수 있게 한 핵의 마법수에 대한 논문, 가모프의 알파붕괴 이론 논문 등 핵에 관한 중요 논문들도 살펴보았다.

유카와의 논문을 이해하려면 전기와 자기에 대한 맥스웰 방정식을 조금은 알아야 한다. 이 내용은 이 시리즈의 첫 권인 『특수상대성이론』에 자세하게 들어 있다. 유카와가 퇴근길에 아이들이 캐치볼을 하는 모습을 보고 핵력에 대한 아이디어를 떠올렸다는 유명한 일화가 있다. 이렇게 중요한 연구를 하고 있을 때는 아이들의 놀이로부터도 귀중한 힌트를 얻을 수 있다는 사실에 새삼 놀라게 된다. 유카와는 캐치볼의 아이디어를 핵자들에게 적용해 중간자라는 캐치볼을 예언했고 이것이 발견되면서 아시아 최초로 노벨 물리학상을 받는다. 이 책이 나오는 순간까지 한 명의 노벨 물리학상 수상자도 없는 우리나라로서는 아쉬운 일이다.

유카와의 핵력 논문뿐 아니라 앞에 소개된 가모프의 알파붕괴 이론 논문을 이해하려면 양자역학에 대한 공부가 필요하다. 이런 공부를 위해서는 이 시리즈의 『양자혁명』, 『불확정성원리』, 『반입자』를 추천한다. 이 책은 수식을 조금 피하더라도 원자핵의 이론을 조금이나마 이해할 수 있도록 엮어보았다. 이 책을 통해 독자들이 원자핵의 신비에 푹 빠질 수 있으리라 생각한다.

이 책의 출판 기획상 수식을 피할 수 없을 때는 고등학교 수학 정도를 아는 사람이라면 이해할 수 있도록 처음 쓴 원고를 고치고 또 고치는 작업을 반복했다. 그렇게 하여 수식을 줄여보려고 했다. 하지만 수식을 좋아하는 사람들이 쉽게 따라갈 수 있도록 친절하게 다루어 보았다.

이 책을 쓰기 위해 20세기 초의 많은 논문을 뒤적거렸다. 지금과는 완연히 다른 용어들과 기호들 때문에 많이 힘들었다. 특히 번역이 안되어 있는 자료들이 많았지만 프랑스 논문에 대해서는 불문과를 졸업한 아내의 도움으로 조금은 이해할 수 있었다.

이 책을 끝내자마자 다시 양자화학에 대한 폴링의 오리지널 논문을 공부하며, 시리즈를 계속 이어나갈 생각을 하니 즐거움이 앞선다. 저자가 가진 이 즐거움을 일반인들과 공유할 수 있기를 바라며 이제 힘들었지만 재미있었던 원자핵에 관한 논문들과의 씨름을 여기서 멈추려고 한다.

진주에서 정완상 교수

세상에서 가장 쉬운 과학 핵물리학

이 책을 위해 참고한 논문들

첫 번째 만남

[1] V. F. Hess(1912), "Über Beobachtungen der durchdringenden Strahlung bei sieben Freiballonfahrten", Physikalische Zeitschrift 13.

[2] Wilson, C. T. R.(1911), "On a Method of Making Visible the Paths of Ionising Particles through a Gas", Proceedings of the Royal Society of London A; Mathematical, Physical and Engineering Sciences 85.

[3] Chadwick, James(1932), "Possible Existence of a Neutron", Nature, 129(3252).

[4] Gamow, George(1930), "Mass Defect Curve and Nuclear Constitution", Proceedings of the Royal Society A, 126(803).

[5] von Weizsäcker, C. F.(1935), "Zur Theorie der Kernmassen", Zeitschrift für Physik 96.

[6] Elsasser, W. M., J. Phys. et Radium, 4, 549(1933).

[7] Mayer, Maria G., "On Closed Shells in Nuclei", Physical Review, 74(3);(1948).

두 번째 만남

[1] Gamow, G.(1928), Zur Quantentheorie des Atomkernes, Zeitschrift für Physik 51.

[2] L. De Broglie, Phil. Mag. 47, 446(1924).

[3] Heisenberg, W.(1925), "Über quantentheoretische Umdeutung kinematischer und mechanischer Beziehungen", Zeitschrift für Physik, 33(1).

[4] Born, M.; Jordan, P.(1925), "Zur Quantenmechanik", Zeitschrift für Physik, 34 (1).

[5] J. d'Alembert, Recherches sur les cordes vibrantes(1747).

[6] Schrodinger, Erwin(1926), "Quantisierung als Eigenwertproblem", Annalen der Physik. 384(4).

[7] Born, Max(1926), "Zur Quantenmechanik der Stoßvorgänge", Zeitschrift für Physik, Vol. 37.

[8] Jeffreys, Harold(1924), "On certain approximate solutions of linear differential equations of the second order", Proceedings of the London Mathematical Society, 23.

[9] Wentzel, Gregor(1926), "Eine Verallgemeinerung der Quantenbedingungen für die Zwecke der Wellenmechanik", Zeitschrift für Physik, 38(6-7).

[10] Kramers, Hendrik A.(1926), "Wellenmechanik und halbzahlige Quantisierung", Zeitschrift für Physik, 39(10-11).

[11] Brillouin, Léon(1926), "La mécanique ondulatoire de Schrödinger: une méthode générale de resolution par approximations successives", Comptes Rendus de l'Académie des Sciences, 183.

세 번째 만남

[1] Danysz, J. Recherches expérimentales sur les β rayons de la famille du radium Ann. Chim. Phys. 30(1913).

[2] Chadwick, J.(1914), "Intensitätsverteilung im magnetischen Spektren der β−Strahlen von Radium B + C", Verhandlungen der Deutschen Physikalischen Gesellschaft 16.

[3] Ellis, C. D.; Wooster, W. A.(1927), "The Continuous Spectrum of β−Rays", Nature, 119(2998).

[4] C. D. Ellis, N. F. Mott, Proc. Roy. Soc. (London), A 141, 502(1933).

[5] Alvarez, Luis W.(1937), "Electron Capture and Internal Conversion in Gallium 67", Physical Review. 53(7).

[6] E. Fermi, "Tentativo di una teoria dei raggi beta", Il Nuovo Cimento, 9(1934).

네 번째 만남

[1] O.Klein and Y. Nishima, The Scattering of Light by Free

Electrons according to Dirac's New Relativistic Dynamics, Nature, 122(1928).

[2] Planck, M.(1915), Eight Lectures on Theoretical Physics, Wills, A. P. (transl.), Dover Publications.

[3] Maxwell, James Clerk(1873), A treatise on electricity and magnetism, Oxford; Clarendon Press.

[4] Lorenz, L.(1867), "On the Identity of the Vibrations of Light with Electrical Currents", Philosophical Magazine, Series 4, 34(230).

[5] Yukawa, H.(1935), "On the Interaction of Elementary Particles", Proc. Phys.−Math. Soc. Jpn, 17(48).

[6] Lattes, C. M. G.; Muirhead, H.; Occhialini, G. P. S.; Powell, C. F.(1947), "Processes Involving Charged Mesons", Nature, 159(4047).

수식에 사용하는 그리스 문자

대문자	소문자	읽기	대문자	소문자	읽기
A	α	알파(alpha)	N	ν	뉴(nu)
B	β	베타(beta)	Ξ	ξ	크시(xi)
Γ	γ	감마(gamma)	O	o	오미크론(omicron)
Δ	δ	델타(delta)	Π	π	파이(pi)
E	ε	엡실론(epsilon)	P	ρ	로(rho)
Z	ζ	제타(zeta)	Σ	σ	시그마(sigma)
H	η	에타(eta)	T	τ	타우(tau)
Θ	θ	세타(theta)	Y	υ	입실론(upsilon)
I	ι	요타(iota)	Φ	φ	피(phi)
K	χ	카파(kappa)	X	χ	키(chi)
Λ	λ	람다(lambda)	Ψ	ψ	프시(psi)
M	μ	뮤(mu)	Ω	ω	오메가(omega)

노벨 물리학상 수상자들을 소개합니다

이 책에 언급된 노벨상 수상자는 이름 앞에 ★로 표시하였습니다.

연도	수상자	수상 이유
1901	빌헬름 콘라트 뢴트겐	그의 이름을 딴 놀라운 광선의 발견으로 그가 제공한 특별한 공헌을 인정하여
1902	헨드릭 안톤 로런츠	복사 현상에 대한 자기의 영향에 대한 연구를 통해 그들이 제공한 탁월한 공헌을 인정하여
1902	피터르 제이만	복사 현상에 대한 자기의 영향에 대한 연구를 통해 그들이 제공한 탁월한 공헌을 인정하여
1903	앙투안 앙리 베크렐	자발 방사능 발견으로 그가 제공한 탁월한 공로를 인정하여
1903	피에르 퀴리	앙리 베크렐 교수가 발견한 방사선 현상에 대한 공동 연구를 통해 그들이 제공한 탁월한 공헌을 인정하여
1903	마리 퀴리	앙리 베크렐 교수가 발견한 방사선 현상에 대한 공동 연구를 통해 그들이 제공한 탁월한 공헌을 인정하여
1904	존 윌리엄 스트럿 레일리	가장 중요한 기체의 밀도에 대한 조사와 이러한 연구와 관련하여 아르곤을 발견한 공로
1905	필리프 레나르트	음극선에 대한 연구
1906	조지프 존 톰슨	기체에 의한 전기 전도에 대한 이론적이고 실험적인 연구의 큰 장점을 인정하여
1907	앨버트 에이브러햄 마이컬슨	광학 정밀 기기와 그 도움으로 수행된 분광 및 도량형 조사
1908	가브리엘 리프만	간섭 현상을 기반으로 사진적으로 색상을 재현하는 방법
1909	굴리엘모 마르코니	무선 전신 발전에 기여한 공로를 인정받아
1909	카를 페르디난트 브라운	무선 전신 발전에 기여한 공로를 인정받아
1910	요하네스 디데릭 판데르발스	기체와 액체의 상태 방정식에 관한 연구
1911	빌헬름 빈	열복사 법칙에 관한 발견
1912	닐스 구스타프 달렌	등대와 부표를 밝히기 위해 가스 어큐뮬레이터와 함께 사용하기 위한 자동 조절기 발명

세상에서 가장 쉬운 과학 핵물리학

1913	헤이커 카메를링 오너스	특히 액체 헬륨 생산으로 이어진 저온에서의 물질 특성에 대한 연구
1914	막스 폰 라우에	결정에 의한 X선 회절 발견
1915	윌리엄 헨리 브래그	X선을 이용한 결정구조 분석에 기여한 공로
	윌리엄 로런스 브래그	
1916	수상자 없음	
1917	찰스 글러버 바클라	원소의 특징적인 뢴트겐 복사 발견
1918	막스 플랑크	에너지 양자 발견으로 물리학 발전에 기여한 공로 인정
1919	요하네스 슈타르크	커낼선의 도플러 효과와 전기장에서 분광선의 분할 발견
1920	샤를 에두아르 기욤	니켈강 합금의 이상 현상을 발견하여 물리학의 정밀 측정에 기여한 공로를 인정하여
1921	알베르트 아인슈타인	이론 물리학에 대한 공로, 특히 광전효과 법칙 발견
1922	닐스 보어	원자 구조와 원자에서 방출되는 방사선 연구에 기여
1923	로버트 앤드루스 밀리컨	전기의 기본 전하와 광전효과에 관한 연구
1924	칼 만네 예오리 시그반	X선 분광학 분야에서의 발견과 연구
1925	★제임스 프랑크	전자가 원자에 미치는 영향을 지배하는 법칙 발견
	구스타프 헤르츠	
1926	장 바티스트 페랭	물질의 불연속 구조에 관한 연구, 특히 침전 평형 발견
1927	아서 콤프턴	그의 이름을 딴 효과 발견
	★찰스 톰슨 리스 윌슨	수증기 응축을 통해 전하를 띤 입자의 경로를 볼 수 있게 만든 방법
1928	오언 윌런스 리처드슨	열전자 현상에 관한 연구, 특히 그의 이름을 딴 법칙 발견
1929	루이 드브로이	전자의 파동성 발견
1930	찬드라세카라 벵카타 라만	빛의 산란에 관한 연구와 그의 이름을 딴 효과 발견
1931	수상자 없음	

1932	베르너 하이젠베르크	수소의 동소체 형태 발견으로 이어진 양자역학이 창시
1933	에르빈 슈뢰딩거	원자 이론의 새로운 생산적 형태 발견
	★폴 디랙	
1934	수상자 없음	
1935	★제임스 채드윅	중성자 발견
1936	★빅토르 프란츠 헤스	우주 방사선 발견
	★칼 데이비드 앤더슨	양전자 발견
1937	클린턴 조지프 데이비슨	결정에 의한 전자의 회절에 대한 실험적 발견
	조지 패짓 톰슨	
1938	엔리코 페르미	중성자 조사에 의해 생성된 새로운 방사성 원소의 존재에 대한 시연 및 이와 관련된 느린중성자에 의한 핵반응 발견
1939	어니스트 로런스	사이클로트론의 발명과 개발, 특히 인공 방사성 원소와 관련하여 얻은 결과
1940	수상자 없음	
1941		
1942		
1943	오토 슈테른	분자선 방법 개발 및 양성자의 자기 모멘트 발견에 기여
1944	이지도어 아이작 라비	원자핵의 자기적 특성을 기록하기 위한 공명 방법
1945	볼프강 파울리	파울리 원리라고도 불리는 배제 원리의 발견
1946	퍼시 윌리엄스 브리지먼	초고압을 발생시키는 장치의 발명과 고압 물리학 분야에서 그가 이룬 발견에 대해
1947	에드워드 빅터 애플턴	대기권 상층부의 물리학 연구, 특히 이른바 애플턴층의 발견
1948	패트릭 메이너드 스튜어트 블래킷	윌슨 구름상자 방법의 개발과 핵물리학 및 우주 방사선 분야에서의 발견
1949	★유카와 히데키	핵력에 관한 이론적 연구를 바탕으로 중간자 존재 예측

1950	★세실 프랭크 파월	핵 과정을 연구하는 사진 방법의 개발과 이 방법으로 만들어진 중간자에 관한 발견
1951	★존 더글러스 콕크로프트	인위적으로 가속된 원자 입자에 의한 원자핵 변환에 대한 선구자적 연구
	★어니스트 토머스 신턴 월턴	
1952	펠릭스 블로흐	핵자기 정밀 측정을 위한 새로운 방법 개발 및 이와 관련된 발견
	에드워드 밀스 퍼셀	
1953	프리츠 제르니커	위상차 방법 시연, 특히 위상차 현미경 발명
1954	막스 보른	양자역학의 기초 연구, 특히 파동함수의 통계적 해석
	발터 보테	우연의 일치 방법과 그 방법으로 이루어진 그의 발견
1955	윌리스 유진 램	수소 스펙트럼의 미세 구조에 관한 발견
	폴리카프 쿠시	전자의 자기 모멘트를 정밀하게 측정한 공로
1956	윌리엄 브래드퍼드 쇼클리	반도체 연구 및 트랜지스터 효과 발견
	존 바딘	
	월터 하우저 브래튼	
1957	양전닝	소립자에 관한 중요한 발견으로 이어진 소위 패리티 법칙에 대한 철저한 조사
	리정다오	
1958	★파벨 알렉세예비치 체렌코프	체렌코프 효과의 발견과 해석
	★일리야 프란크	
	★이고리 탐	
1959	에밀리오 지노 세그레	반양성자 발견
	오언 체임벌린	
1960	★도널드 아서 글레이저	거품 상자의 발명

1961	로버트 호프스태터	원자핵외 전자 산란에 대한 선구적인 연구와 핵자 구조에 관한 발견
	루돌프 뫼스바워	감마선의 공명 흡수에 관한 연구와 그의 이름을 딴 효과에 대한 발견
1962	★레프 다비도비치 란다우	응집 물질, 특히 액체 헬륨에 대한 선구적인 이론
1963	유진 폴 위그너	원자핵 및 소립자 이론에 대한 공헌, 특히 기본 대칭 원리의 발견 및 적용을 통한 공로
	★마리아 괴페르트 메이어	핵 껍질 구조에 관한 발견
	★한스 옌센	
1964	니콜라이 바소프	메이저-레이저 원리에 기반한 발진기 및 증폭기의 구성으로 이어진 양자 전자 분야의 기초 작업
	알렉산드르 프로호로프	
	찰스 하드 타운스	
1965	★도모나가 신이치로	소립자의 물리학에 심층적인 결과를 가져온 양자전기역학의 근본적인 연구
	줄리언 슈윙거	
	리처드 필립스 파인먼	
1966	알프레드 카스틀레르	원자에서 헤르츠 공명을 연구하기 위한 광학적 방법의 발견 및 개발
1967	한스 알브레히트 베테	핵반응 이론, 특히 별의 에너지 생산에 관한 발견에 기여
1968	★루이스 월터 앨버레즈	소립자 물리학에 대한 결정적인 공헌, 특히 수소 기포 챔버 사용 기술 개발과 데이터 분석을 통해 가능해진 다수의 공명 상태 발견
1969	머리 겔만	기본 입자의 분류와 그 상호 작용에 관한 공헌 및 발견

세상에서 가장 쉬운 과학 핵물리학

1970	한네스 올로프 예스타 알벤	플라스마 물리학의 다양한 부분에서 유익한 응용을 통해 자기유체역학의 기초 연구 및 발견
	루이 외젠 펠릭스 네엘	고체물리학에서 중요한 응용을 이끈 반강자성 및 강자성에 관한 기초 연구 및 발견
1971	데니스 가보르	홀로그램 방법의 발명 및 개발
1972	존 바딘	일반적으로 BCS 이론이라고 하는 초전도 이론을 공동으로 개발한 공로
	리언 닐 쿠퍼	
	존 로버트 슈리퍼	
1973	에사키 레오나	반도체와 초전도체의 터널링 현상에 관한 실험적 발견
	이바르 예베르	
	브라이언 데이비드 조지프슨	터널 장벽을 통과하는 초전류 특성, 특히 일반적으로 조지프슨 효과로 알려진 현상에 대한 이론적 예측
1974	마틴 라일	전파 천체물리학의 선구적인 연구: 라일은 특히 개구 합성 기술의 관찰과 발명, 그리고 휴이시는 펄서 발견에 결정적인 역할을 함
	앤터니 휴이시	
1975	오게 닐스 보어	원자핵에서 집단 운동과 입자 운동 사이의 연관성 발견과 이 연관성에 기초한 원자핵 구조 이론 개발
	벤 로위 모텔손	
	제임스 레인워터	
1976	버턴 릭터	새로운 종류의 무거운 기본 입자 발견에 대한 선구적인 작업
	새뮤얼 차오 충 팅	
1977	필립 워런 앤더슨	자기 및 무질서 시스템의 전자 구조에 대한 근본적인 이론적 조사
	네빌 프랜시스 모트	
	존 해즈브룩 밴블렉	
1978	표트르 레오니도비치 카피차	저온 물리학 분야의 기본 발명 및 발견
	아노 앨런 펜지어스	우주 마이크로파 배경 복사의 발견
	로버트 우드로 윌슨	

1979	셀딘 리 글래쇼	특히 약한 중성 전류의 예측을 포함하여 기본 입자 사이의 통일된 약한 전자기 상호 작용 이론에 대한 공헌
	압두스 살람	
	스티븐 와인버그	
1980	제임스 왓슨 크로닌	중성 K 중간자의 붕괴에서 기본 대칭 원리 위반 발견
	밸 로그즈던 피치	
1981	니콜라스 블룸베르헌	레이저 분광기 개발에 기여
	아서 레너드 숄로	
	카이 만네 뵈리에 시그반	고해상도 전자 분광기 개발에 기여
1982	케네스 게디스 윌슨	상전이와 관련된 임계 현상에 대한 이론
1983	수브라마니안 찬드라세카르	별의 구조와 진화에 중요한 물리적 과정에 대한 이론적 연구
	윌리엄 앨프리드 파울러	우주의 화학 원소 형성에 중요한 핵반응에 대한 이론 및 실험적 연구
1984	카를로 루비아	약한 상호 작용의 커뮤니케이터인 필드 입자 W와 Z의 발견으로 이어진 대규모 프로젝트에 결정적인 기여
	시몬 판데르 메이르	
1985	클라우스 폰 클리칭	양자화된 홀 효과의 발견
1986	에른스트 루스카	전자 광학의 기초 작업과 최초의 전자 현미경 설계
	게르트 비니히	스캐닝 터널링 현미경 설계
	하인리히 로러	
1987	요하네스 게오르크 베드노르츠	세라믹 재료의 초전도성 발견에서 중요한 돌파구
	카를 알렉산더 뮐러	
1988	★리언 레더먼	뉴트리노 빔 방법과 뮤온 중성미자 발견을 통한 경입자의 이중 구조 증명
	★멜빈 슈워츠	
	★잭 스타인버거	

세상에서 가장 쉬운 과학 핵물리학

1989	노먼 포스터 램지	분리된 진동 필드 방법의 발명과 수소 메이저 및 기타 원자시계에서의 사용
	한스 게오르크 데멜트	이온 트랩 기술 개발
	볼프강 파울	
1990	제롬 프리드먼	입자 물리학에서 쿼크 모델 개발에 매우 중요한 역할을 한 양성자 및 구속된 중성자에 대한 전자의 심층 비탄성 산란에 관한 선구적인 연구
	헨리 웨이 켄들	
	리처드 테일러	
1991	피에르질 드 젠	간단한 시스템에서 질서 현상을 연구하기 위해 개발된 방법을 보다 복잡한 형태의 물질, 특히 액정과 고분자로 일반화할 수 있음을 발견
1992	조르주 샤르파크	입자 탐지기, 특히 다중 와이어 비례 챔버의 발명 및 개발
1993	러셀 헐스	새로운 유형의 펄서 발견, 중력 연구의 새로운 가능성을 연 발견
	조지프 테일러	
1994	버트럼 브록하우스	중성자 분광기 개발
	클리퍼드 셜	중성자 회절 기술 개발
1995	★마틴 펄	타우 렙톤의 발견
	★프레더릭 라이너스	중성미자 검출
1996	데이비드 리	헬륨−3의 초유동성 발견
	더글러스 오셔로프	
	로버트 리처드슨	
1997	스티븐 추	레이저 광으로 원자를 냉각하고 가두는 방법 개발
	클로드 코엔타누지	
	윌리엄 필립스	
1998	로버트 로플린	부분적으로 전하를 띤 새로운 형태의 양자 유체 발견
	호르스트 슈퇴르머	
	대니얼 추이	

1999	헤라르뒤스 엇호프트	물리학에서 전기약력 상호작용의 양자 구조 규명
	마르티뉘스 펠트만	
2000	조레스 알표로프	정보 통신 기술에 대한 기초 작업(고속 및 광전자 공학에 사용되는 반도체 이종 구조 개발)
	허버트 크로머	
	잭 킬비	정보 통신 기술에 대한 기초 작업(집적회로 발명에 기여)
2001	에릭 코넬	알칼리 원자의 희석 가스에서 보스-아인슈타인 응축 달성 및 응축 특성에 대한 초기 기초 연구
	칼 위먼	
	볼프강 케테를레	
2002	★레이먼드 데이비스	천체물리학, 특히 우주 중성미자 검출에 대한 선구적인 공헌
	★고시바 마사토시	
	리카르도 자코니	우주 X선 소스의 발견으로 이어진 천체물리학에 대한 선구적인 공헌
2003	알렉세이 아브리코소프	초전도체 및 초유체 이론에 대한 선구적인 공헌
	비탈리 긴즈부르크	
	앤서니 레깃	
2004	데이비드 그로스	강한 상호작용 이론에서 점근적 자유의 발견
	데이비드 폴리처	
	프랭크 윌첵	
2005	로이 글라우버	광학 일관성의 양자 이론에 기여
	존 홀	광 주파수 콤 기술을 포함한 레이저 기반 정밀 분광기 개발에 기여
	테오도어 헨슈	
2006	존 매더	우주 마이크로파 배경 복사의 흑체 형태와 이방성 발견
	조지 스무트	
2007	알베르 페르	자이언트 자기 저항의 발견
	페터 그륀베르크	

세상에서 가장 쉬운 과학 핵물리학

연도	수상자	업적
2008	★난부 요이치로	아원자 물리학에서 자발적인 대칭 깨짐 메커니즘 발견
	고바야시 마코토	자연계에 적어도 세 종류의 쿼크가 존재함을 예측하는 깨진 대칭의 기원 발견
	마스카와 도시히데	
2009	찰스 가오	광 통신을 위한 섬유의 빛 전송에 관한 획기적인 업적
	윌러드 보일	영상 반도체 회로(CCD 센서)의 발명
	조지 엘우드 스미스	
2010	안드레 가임	2차원 물질 그래핀에 관한 획기적인 실험
	콘스탄틴 노보셀로프	
2011	솔 펄머터	원거리 초신성 관측을 통한 우주 가속 팽창 발견
	브라이언 슈밋	
	애덤 리스	
2012	세르주 아로슈	개별 양자 시스템의 측정 및 조작을 가능하게 하는 획기적인 실험 방법
	데이비드 와인랜드	
2013	프랑수아 앙글레르	아원자 입자의 질량 기원에 대한 이해에 기여하고 최근 CERN의 대형 하드론 충돌기에서 ATLAS 및 CMS 실험을 통해 예측된 기본 입자의 발견을 통해 확인된 메커니즘의 이론적 발견
	피터 힉스	
2014	아카사키 이사무	밝고 에너지 절약형 백색 광원을 가능하게 한 효율적인 청색 발광 다이오드의 발명
	아마노 히로시	
	나카무라 슈지	
2015	★가지타 다카아키	중성미자가 질량을 가지고 있음을 보여주는 중성미자 진동 발견
	★아서 맥도널드	
2016	데이비드 사울레스	위상학적 상전이와 물질의 위상학적 위상에 대한 이론적 발견
	덩컨 홀데인	
	마이클 코스털리츠	

2017	리이너 바이스	LIGO 탐지기와 중력파 관찰에 결정적인 기여
	킵 손	
	배리 배리시	
2018	아서 애슈킨	레이저 물리학 분야의 획기적인 발명(광학 핀셋과 생물학적 시스템에 대한 응용)
	제라르 무루	레이저 물리학 분야의 획기적인 발명(고강도 초단파 광 펄스 생성 방법)
	도나 스트리클런드	
2019	제임스 피블스	우주의 진화와 우주에서 지구의 위치에 대한 이해에 기여(물리 우주론의 이론적 발견)
	미셸 마요르	우주의 진화와 우주에서 지구의 위치에 대한 이해에 기여(태양형 항성 주위를 공전하는 외계 행성 발견)
	디디에 쿠엘로	
2020	로저 펜로즈	블랙홀 형성이 일반 상대성 이론의 확고한 예측이라는 발견
	라인하르트 겐첼	우리 은하의 중심에 있는 초거대 밀도 물체 발견
	앤드리아 게즈	
2021	마나베 슈쿠로	복잡한 시스템에 대한 이해에 획기적인 기여(지구 기후의 물리직 모델링, 가변성을 정량화하고 지구 온난화를 안정적으로 예측)
	클라우스 하셀만	
	조르조 파리시	복잡한 시스템에 대한 이해에 획기적인 기여 (원자에서 행성 규모에 이르는 물리적 시스템의 무질서와 요동의 상호작용 발견)
2022	알랭 아스페	얽힌 광자를 사용한 실험, 벨 불평등 위반 규명 및 양자 정보 과학 개척
	존 클라우저	
	안톤 차일링거	
2023	피에르 아고스티니	물질의 전자 역학 연구를 위해 아토초(100경분의 1초) 빛 펄스를 생성하는 실험 방법 고안
	페렌츠 크러우스	
	안 륄리에	

노벨 화학상 수상자들을 소개합니다

이 책에 언급된 노벨상 수상자는 이름 앞에 ★로 표시하였습니다.

연도	수상자	수상 이유
1901	야코뷔스 헨드리퀴스 호프	용액의 삼투압과 화학적 역학의 법칙을 발견함으로써 그가 제공한 탁월한 공헌을 인정하여
1902	에밀 헤르만 피셔	당과 푸린 합성에 대한 연구로 그가 제공한 탁월한 공헌을 인정하여
1903	스반테 아우구스트 아레니우스	전기분해 해리 이론으로 화학 발전에 기여한 탁월한 공헌을 인정하여
1904	윌리엄 램지	공기 중 불활성 기체 원소를 발견하고 주기율표에서 원소의 위치를 결정한 공로를 인정받아
1905	요한 프리드리히 빌헬름 아돌프 폰 베이어	유기 염료 및 하이드로 방향족 화합물에 대한 연구를 통해 유기 화학 및 화학 산업 발전에 기여한 공로
1906	앙리 무아상	불소 원소의 연구 및 분리, 그리고 그의 이름을 딴 전기로를 과학에 채택한 공로를 인정하여
1907	에두아르트 부흐너	생화학 연구 및 무세포 발효 발견
1908	어니스트 러더퍼드	원소 분해와 방사성 물질의 화학에 대한 연구
1909	빌헬름 오스트발트	촉매작용에 대한 그의 연구와 화학 평형 및 반응 속도를 지배하는 기본 원리에 대한 연구를 인정
1910	오토 발라흐	지환족 화합물 분야의 선구자적 업적을 통해 유기 화학 및 화학 산업에 기여한 공로를 인정받아
1911	마리 퀴리	라듐 및 폴로늄 원소 발견, 라듐 분리 및 이 놀라운 원소의 성질과 화합물 연구를 통해 화학 발전에 기여한 공로

1912	빅토르 그리냐르	최근 유기 화학을 크게 발전시킨 소위 그리냐르 시약의 발견
	폴 사바티에	미세하게 분해된 금속이 있는 상태에서 유기 화합물을 수소화하는 방법으로 최근 몇 년 동안 유기 화학이 크게 발전한 데 대한 공로
1913	알프레트 베르너	분자 내 원자의 결합에 대한 그의 업적을 인정하여. 이전 연구에 새로운 시각을 제시하고 특히 무기 화학 분야에서 새로운 연구 분야를 연 공로
1914	시어도어 윌리엄 리처즈	수많은 화학 원소의 원자량을 정확하게 측정한 공로
1915	리하르트 빌슈테터	식물 색소, 특히 엽록소에 대한 연구
1916	수상자 없음	
1917	수상자 없음	
1918	프리츠 하버	원소로부터 암모니아 합성
1919	수상자 없음	
1920	발터 헤르만 네른스트	열화학 분야에서의 업적 인정
1921	★프레더릭 소디	방사성 물질의 화학 지식과 동위원소의 기원과 특성에 대한 연구에 기여한 공로
1922	★프랜시스 윌리엄 애스턴	질량 분광기를 사용하여 많은 수의 비방사성 원소에서 동위원소를 발견하고 정수 규칙을 발표한 공로
1923	프리츠 프레글	유기 물질의 미세 분석 방법 발명
1924	수상자 없음	
1925	리하르트 아돌프 지그몬디	콜로이드 용액의 이질적 특성을 입증하고 이후 현대 콜로이드 화학의 기본이 된 그가 사용한 방법에 대한 공로
1926	테오도르 스베드베리	분산 시스템에 대한 연구
1927	하인리히 빌란트	담즙산 및 관련 물질의 구성에 대한 연구
1928	아돌프 빈다우스	스테롤의 구성 및 비타민과의 연관성에 대한 연구

1929	아서 하든	당과 발효 효소의 발효에 대한 연구
	한스 폰 오일러켈핀	
1930	한스 피셔	헤민과 엽록소의 구성, 특히 헤민 합성에 대한 연구
1931	카를 보슈	화학적 고압 방법의 발명과 개발에 기여한 공로를 인정받아
	프리드리히 베르기우스	
1932	어빙 랭뮤어	표면 화학에 대한 발견과 연구
1933	수상자 없음	
1934	해럴드 클레이턴 유리	중수소 발견
1935	장 프레데리크 졸리오 퀴리	새로운 방사성 원소의 합성을 인정하여
	이렌 졸리오퀴리	
1936	피터 디바이	쌍극자 모멘트와 가스 내 X선 및 전자의 회절에 대한 연구를 통해 분자구조에 대한 지식에 기여
1937	월터 노먼 하스	탄수화물과 비타민 C에 대한 연구
	파울 카러	카로티노이드, 플래빈, 비타민 A 및 B2에 대한 연구
1938	리하르트 쿤	카로티노이드와 비타민에 대한 연구
1939	아돌프 부테난트	성호르몬 연구
	레오폴트 루지치카	폴리메틸렌 및 고급 테르펜에 대한 연구
1940	수상자 없음	
1941	수상자 없음	
1942	수상자 없음	
1943	게오르크 카를 폰 헤베시	화학 연구에서 추적자로서 동위원소를 사용
1944	오토 한	무거운 핵분열 발견
1945	아르투리 일마리 비르타넨	농업 및 영양 화학, 특히 사료 보존 방법에 대한 연구 및 발명

1946	제임스 배철러 섬너	효소가 결정화될 수 있다는 발견
	존 하워드 노스럽	순수한 형태의 효소와 바이러스 단백질 제조
	웬들 메러디스 스탠리	
1947	로버트 로빈슨	생물학적으로 중요한 식물성 제품, 특히 알칼로이드에 대한 연구
1948	아르네 티셀리우스	전기영동 및 흡착 분석 연구, 특히 혈청 단백질의 복잡한 특성에 관한 발견
1949	윌리엄 프랜시스 지오크	화학 열역학 분야, 특히 극도로 낮은 온도에서 물질의 거동에 관한 공헌
1950	오토 파울 헤르만 딜스	디엔 합성의 발견 및 개발
	쿠르트 알더	
1951	에드윈 매티슨 맥밀런	초우라늄 원소의 화학적 발견
	글렌 시어도어 시보그	
1952	아처 존 포터 마틴	분할 크로마토그래피 발명
	리처드 로런스 밀링턴 싱	
1953	헤르만 슈타우딩거	고분자 화학 분야에서의 발견
1954	라이너스 칼 폴링	화학 결합의 특성에 대한 연구와 복합 물질의 구조 해명에 대한 응용
1955	빈센트 뒤비뇨	생화학적으로 중요한 황 화합물, 특히 폴리펩타이드 호르몬의 최초 합성에 대한 연구
1956	시릴 노먼 힌셜우드	화학 반응 메커니즘에 대한 연구
	니콜라이 니콜라예비치 세묘노프	
1957	알렉산더 로버터스 토드	뉴클레오타이드 및 뉴클레오타이드 보조 효소에 대한 연구
1958	프레더릭 생어	단백질 구조, 특히 인슐린 구조에 관한 연구
1959	야로슬라프 헤이로프스키	폴라로그래피 분석 방법의 발견 및 개발

1960	윌러드 프랭크 리비	고고학, 지질학, 지구 물리학 및 기타 과학 분야에서 연령 결정을 위해 탄소−14를 사용한 방법
1961	멜빈 캘빈	식물의 이산화탄소 흡수에 대한 연구
1962	맥스 퍼디낸드 퍼루츠	구형 단백질 구조 연구
	존 카우더리 켄드루	
1963	카를 치글러	고분자 화학 및 기술 분야에서의 발견
	줄리오 나타	
1964	도러시 크로풋 호지킨	중요한 생화학 물질의 구조를 X선 기술로 규명한 공로
1965	로버트 번스 우드워드	유기 합성 분야에서 뛰어난 업적
1966	로버트 멀리컨	분자 오비탈 방법에 의한 분자의 화학 결합 및 전자 구조에 관한 기초 연구
1967	만프레트 아이겐	매우 짧은 에너지 펄스를 통해 평형을 교란함으로써 발생하는 매우 빠른 화학 반응에 대한 연구
	로널드 노리시	
	조지 포터	
1968	라르스 온사게르	비가역 과정의 열역학에 기초가 되는 그의 이름을 딴 상호 관계 발견
1969	데릭 바턴	형태 개념의 개발과 화학에서의 적용에 기여한 공로
	오드 하셀	
1970	루이스 페데리코 를루아르	당 뉴클레오타이드와 탄수화물 생합성에서의 역할 발견
1971	게르하르트 헤르츠베르크	분자, 특히 자유 라디칼의 전자 구조 및 기하학에 대한 지식에 기여한 공로
1972	크리스천 베이머 안핀슨	리보뉴클레아제, 특히 아미노산 서열과 생물학적 활성 형태 사이의 연결에 관한 연구
	스탠퍼드 무어	화학 구조와 리보뉴클레아제 분자 활성 중심의 촉매 활성 사이의 연결 이해에 기여
	윌리엄 하워드 스타인	
1973	에른스트 오토 피셔	소위 샌드위치 화합물이라고 불리는 유기 금속의 화학에 대해 독립적으로 수행한 선구적인 연구
	제프리 윌킨슨	

1974	폴 존 플로리	고분자 물리 화학의 이론 및 실험 모두에서 기본적인 업적을 달성하여
1975	존 워컵 콘포스	효소 촉매 반응의 입체 화학 연구
	블라디미르 프렐로그	유기 분자 및 반응의 입체 화학 연구
1976	윌리엄 넌 립스컴	화학 결합 문제를 밝히는 보레인의 구조에 대한 연구
1977	일리야 프리고진	비평형 열역학, 특히 소산 구조 이론에 기여
1978	피터 미첼	화학 삼투 이론 공식화를 통한 생물학적 에너지 전달 이해에 기여
1979	허버트 브라운	각각 붕소 함유 화합물과 인 함유 화합물을 유기 합성의 중요한 시약으로 개발한 공로
	게오르크 비티히	
1980	폴 버그	특히 재조합 DNA와 관련하여 핵산의 생화학에 대한 기초 연구
	월터 길버트	핵산의 염기 서열 결정에 관한 공헌
	프레더릭 생어	
1981	후쿠이 겐이치	화학 반응 과정과 관련하여 독자적으로 개발한 이론
	로알드 호프만	
1982	에런 클루그	결정학 선사 현미경 개발 및 생물학적으로 중요한 핵산–단백질 복합체의 구조 규명
1983	헨리 타우버	특히 금속 착물에서 전자 이동 반응 메커니즘에 대한 연구
1984	로버트 브루스 메리필드	고체 매트릭스에서 화학 합성을 위한 방법론 개발
1985	허버트 하우프트먼	결정구조 결정을 위한 직접적인 방법 개발에서 뛰어난 업적
	제롬 칼	
1986	더들리 허슈바크	화학 기본 프로세스의 역학에 관한 기여
	리위안저	
	존 폴라니	

1987	도널드 제임스 크램	높은 선택성의 구조 특이적 상호 작용을 가진 분자의 개발 및 사용
	장마리 렌	
	찰스 피더슨	
1988	요한 다이젠호퍼	광합성 반응 센터의 3차원 구조 결정
	로베르트 후버	
	하르트무트 미헬	
1989	시드니 올트먼	RNA의 촉매 특성 발견
	토머스 체크	
1990	일라이어스 제임스 코리	유기 합성 이론 및 방법론 개발
1991	리하르트 에른스트	고해상도 핵자기 공명(NMR) 분광법의 개발에 기여
1992	루돌프 마커스	화학 시스템의 전자 전달 반응 이론에 대한 공헌
1993	캐리 멀리스	DNA 기반 화학 분야에서의 방법론 개발, 특히 중합 효소 연쇄 반응(PCR) 방법의 발명
	마이클 스미스	DNA 기반 화학 분야에서의 방법론 개발, 특히 올리고뉴클레오타이드 기반의 부위 지정 돌연변이 유발 및 단백질 연구 개발에 근본적인 기여
1994	조지 올라	탄소양이온 화학에 기여
1995	파울 크뤼천	대기 화학, 특히 오존의 형성 및 분해에 관한 연구
	마리오 몰리나	
	셔우드 롤런드	
1996	로버트 컬	풀러렌 발견
	해럴드 크로토	
	리처드 스몰리	
1997	폴 보이어	아데노신삼인산(ATP) 합성의 기본이 되는 효소 메커니즘 해명
	존 워커	
	옌스 스코우	이온 수송 효소인 Na+, K+ −ATPase의 최초 발견
1998	월터 콘	밀도 함수 이론 개발
	존 포플	양자 화학에서의 계산 방법 개발

1999	아메드 즈웨일	펨토초 분광법을 사용한 화학 반응의 전이 상태 연구
2000	앨런 히거	전도성 고분자의 발견 및 개발
	앨런 맥더미드	
	시라카와 히데키	
2001	윌리엄 놀스	키랄 촉매 수소화 반응에 대한 연구
	노요리 료지	
	배리 샤플리스	키랄 촉매 산화 반응에 대한 연구
2002	존 펜	생물학적 고분자의 식별 및 구조 분석 방법 개발 (질량 분광 분석을 위한 연성 탈착 이온화 방법 개발)
	다나카 고이치	
	쿠르트 뷔트리히	생물학적 고분자의 식별 및 구조 분석 방법 개발 (용액에서 생물학적 고분자의 3차원 구조를 결정하기 위한 핵자기 공명 분광법 개발)
2003	피터 아그리	세포막의 채널에 관한 발견(수로 발견)
	로더릭 매키넌	세포막의 채널에 관한 발견 (이온 채널의 구조 및 기계론적 연구)
2004	아론 치에하노베르	유비퀴틴 매개 단백질 분해의 발견
	아브람 헤르슈코	
	어윈 로즈	
2005	이브 쇼뱅	유기 합성에서 복분해 방법 개발
	로버트 그럽스	
	리처드 슈록	
2006	로저 콘버그	진핵생물의 유전 정보 전사의 분자적 기초에 관한 연구
2007	게르하르트 에르틀	고체 표면의 화학 공정 연구
2008	시모무라 오사무	녹색 형광 단백질(GFP)의 발견 및 개발
	마틴 챌피	
	로저 첸	

세상에서 가장 쉬운 과학 핵물리학

2009	벤카트라만 라마크리슈난	리보솜의 구조와 기능 연구
	토머스 스타이츠	
	아다 요나트	
2010	리처드 헥	유기 합성에서 팔라듐 촉매 교차 결합 연구
	네기시 에이이치	
	스즈키 아키라	
2011	단 셰흐트만	준결정의 발견
2012	로버트 레프코위츠	G 단백질의 결합 수용체 연구
	브라이언 코빌카	
2013	마르틴 카르플루스	복잡한 화학 시스템을 위한 멀티스케일 모델 개발
	마이클 레빗	
	아리에 와르셸	
2014	에릭 베치그	초고해상도 형광 현미경 개발
	슈테판 헬	
	윌리엄 머너	
2015	토머스 린달	DNA 복구에 대한 기계론적 연구
	폴 모드리치	
	아지즈 산자르	
2016	장피에르 소바주	분자 기계의 설계 및 합성
	프레이저 스토더트	
	베르나르트 페링하	
2017	자크 뒤보셰	용액 내 생체분자의 고해상도 구조 결정을 위한 극저온 전자 현미경 개발
	요아힘 프랑크	
	리처드 헨더슨	

2018	프랜시스 아널드	휴소의 유도 진화
	조지 스미스	펩타이드 및 항체의 파지 디스플레이
	그레고리 윈터	
2019	존 구디너프	리튬 이온 배터리 개발
	스탠리 휘팅엄	
	요시노 아키라	
2020	에마뉘엘 샤르팡티에	게놈 편집 방법 개발
	제니퍼 다우드나	
2021	베냐민 리스트	비대칭 유기 촉매의 개발
	데이비드 맥밀런	
2022	캐럴린 버토지	클릭 화학 및 생체 직교 화학 개발
	모르텐 멜달	
	배리 샤플리스	
2023	문지 바웬디	양자점(퀀텀닷)의 발견과 실용화
	루이스 브루스	
	알렉세이 에키모프	

세상에서 가장 쉬운 과학 핵물리학